# 空气泡沫驱的伤害与对策

李永飞　杨海龙　著

中国石化出版社

## 内 容 提 要

在空气泡沫调驱现场试验中，注入空气中的氧气、水，以及高温、高压等各种工况会引起注入系统的腐蚀。此外，注空气泡沫中的腐蚀产物以及泡沫中的高分子化合物可能引起地层损害。针对此问题，本书通过对甘谷驿采油现场采出水、回注水、地表水的水质及油田现场腐蚀产物进行分析，对各种常用配方的泡沫流体与地层水的配伍情况、油藏的地质特征和储层的敏感性进行了详细分析和比较。最后，提出添加缓蚀剂、杀菌剂及牺牲阳极保护法对空气泡沫驱注入系统进行腐蚀防护的方法和对策，为解决今后该领域的腐蚀和防腐问题提供了参考。

**图书在版编目（CIP）数据**

空气泡沫驱的伤害与对策/李永飞，杨海龙著.—北京：中国石化出版社，2022.10
ISBN 978-7-5114-6862-8

Ⅰ.①空… Ⅱ.①李… ②杨… Ⅲ.①空气泡沫-泡沫驱油 Ⅳ.①TE357.46

中国版本图书馆 CIP 数据核字（2022）第 178114 号



**中国石化出版社出版发行**

地址:北京市东城区安定门外大街 58 号
邮编:100011 电话:(010)57512500
发行部电话:(010)57512575
http://www.sinopec-press.com
E-mail:press@sinopec.com
北京富泰印刷有限责任公司印刷
全国各地新华书店经销

*

710×1000 毫米 16 开本 9.75 印张 181 千字
2022 年 10 月第 1 版 2022 年 10 月第 1 次印刷
定价:68.00 元

# 前　　言

作为提高采收率的主要工艺措施，空气泡沫驱技术为油田稳产和增产提供了重要保障。但是，空气泡沫驱工艺带来的 $O_2$ 和 $CO_2$ 的腐蚀问题也日益突出。在大气环境下，空气中的 $O_2$ 的体积分数为21%左右，$CO_2$ 的体积分数约为0.038%。即使油田现场经过减氧处理，空气中的含氧量仍较高。随着空气的不断注入，原油和 $O_2$ 会发生燃烧反应及低温氧化反应，导致 $O_2$ 被逐渐消耗而生成 $CO_2$、CO、酮或酸类化合物。这些 $CO_2$ 溶于水形成碳酸水溶液，同时，如果 $O_2$ 消耗不完全或者发生空气气窜，腐蚀性的 $O_2$ 水溶液对采出系统的地面集输管线具有很强的腐蚀作用。由此可见，在空气泡沫驱油的过程中，采出系统的 $O_2$ 和 $CO_2$ 腐蚀问题非常严重，是影响空气泡沫驱油作业应用安全的关键因素。

空气泡沫驱在油田取得了较好的开发效果，但是其对注入系统的腐蚀、对地层的伤害一直是制约该技术应用的瓶颈问题，因此，本书针对空气泡沫驱注入系统的腐蚀机理、危害程度进行系统研究和评价。通过对现场采出水、回注水以及地表水的水质及油田现场腐蚀产物进行分析，对各种常用配方的泡沫流体与地层水的配伍情况、油藏的地质特征和储层的敏感性进行了详细研究和比较，提出添加缓蚀剂、杀菌剂以及牺牲阳极保护法对空气泡沫驱注入系统进行腐蚀防护的方法和对策，为解决今后该领域的腐蚀和防腐问题提供了参考。

本书是在作者多年从事油气田应用化学与环境保护研究工作的基础上，总结所在课题组相关研究成果和现场应用，评述业内具有一定影响力的特色研究工作撰写而成。全书内容共分为七章，第一章主要介绍了常见油田腐蚀类型及其过程，包括常规油田水质、油田腐蚀产物分析与油田腐蚀现状。第二章通过实验分析了注空气泡沫驱油过程中的管道腐蚀。第三章评价了起泡剂作用下的腐蚀现象。第四章为注入流体与地层水的配伍性研究。第五章针对油藏地质特征对储层敏感性进行分析。第六章总结了空气泡沫驱腐蚀控制措施及对策。第七章总结适合现场地层条件的防腐措施。

本书的出版获“西安石油大学优秀学术著作出版基金”和“陕西省教育厅科研计划项目（22JP066）”的资助，感谢“西安石油大学优秀学术著作出版基金”！感谢“陕西省教育厅科研计划项目”！感谢陕西省油气田环境污染控制技术与储层保护重点实验室的大力支持！也感谢陈刚老师、邓强老师、王满学老师在本书撰写过程中提供的无私帮助！由于作者学识有限，加之时间仓促，难免有些观点和见解存在不当之处，恳请广大读者批评指正。

# 目　录

# 第一章　常见油田腐蚀类型及其过程

延长油田属于低渗—特低渗透油藏，在注水开发过程中普遍存在着启动压力高、注水能力低、注水压力上升快等问题。延长油田低渗—特低渗透油藏天然裂缝和压裂裂缝发育，注水量大时容易水窜、水淹，注水量小则达不到补充地层能量的目的。而陕北地区水资源严重不足。在此背景之下，延长油田急需开发适合自身条件的提高油田开发效果和开发水平的措施。

空气泡沫驱综合了泡沫驱与空气驱的优点，成本低，并且既能大规模注入提高地层压力，又能有效地避免水窜和气窜问题，从而提高单井产油量、驱油效率以及采收率。空气泡沫驱的主要驱油机理包括以下三点。

(1)空气和油藏原油发生低温氧化，在此过程中产生烟道气，烟道气溶解于原油后，原油体积膨胀，通过驱替提高采收率。

(2)起泡剂作为一种表面活性剂能够降低界面张力，从而降低驱替过程中的残余油饱和度。

(3)由于泡沫作用，能够提高驱替的波及体积。

空气泡沫驱已经在百色油田、胡状集油田、孤东油田、大庆油田小井距北井组萨Ⅱ7+8层、长庆五里湾油田等进行了现场先导性试验。先导性试验结果表明，空气泡沫驱在这些油田均取得了显著效果、值得进一步推广。

延长油田从2007年起陆续开展了空气泡沫驱的相关研究，并于室内实验研究的基础上，在唐80井区开展了先导性试验研究。唐80井区位于甘谷驿油田西南部，主要含油层位为三叠系延长组长6油层组，油藏平均埋深为441m，平均渗透率为$0.82\times10^{-3}\mu m^2$，原始地层压力系数为0.95，属于典型的低孔、超低渗、低压油藏。从空气泡沫驱的角度看，还可以称为低温油藏。该油田从2001年起开展注水开发先导试验。截至2010年年底，该井区累计注采比为0.73，采出程度为10.15%。唐80区块的空气泡沫驱先导试验主要选用了丛54井组和丛55井组。两个井组的先导性试验表明空气泡沫驱的增油、降水效果明显。

然而，空气泡沫驱的注入系统的腐蚀、地层伤害一直是制约该技术应用的瓶颈问题。在注空气泡沫驱油的过程中，注气井的氧腐蚀和生产井的$CO_2$腐蚀、氧腐蚀问题非常突出；空气由注气井注入后，由于氧的分压较高，在潮湿高温的环境中，加速了氧的去极化反应，对注入井管壁造成了严重的腐蚀。同时，由于空气与原油在地层中经过低温氧化作用后的生成物与地层水中的矿物质相互作用可能造成结垢，从而引起地层伤害。因此，如何有效针对空气泡沫驱注入系统的腐蚀机理、危害程度进行系统评价，筛选出适合延长油田工况条件的缓释剂，研究注入介质(泡沫、空气、地表水)与地层的配伍性，从而评价空气泡沫驱对地层的伤害程度并制定相应对策，是目前亟须解决的关键问题。

2014 年 12 月，研究人员对甘谷驿油田试验区的采出水、回注水、配液水(地表水)、稳定剂、表面活性剂和破乳剂进行取样，并对油田现场的阀门、流量计以及锈的腐蚀结垢产物进行取样和室内测试分析。2015 年 6 月，对甘谷驿油田试验区的污水站内进口水、出口水进行取样并进行检测，并对配水间单井出水阀门内壁(T169-5 注水井、丛 53-3 井口)的腐蚀结垢产物进行取样及室内测试分析，为后续采取相应的防腐措施提供依据。

# 第一节　常见油田水质

以甘谷驿油田采出水为例对油田常见水质进行常规分析。甘谷驿油田采出水 1、回注水 1、配液水(地表水)以及污水站内进口水(采出水 2)、出口水(回注水 2)外观分别如图 1-1、图 1-2 所示，其中，地表水、回注水 1 均为无色透明，回注水 1 含有微浓的臭鸡蛋味，而采出水 1 呈混浊状，且有一些絮状体存在。另外，污水站内进口水呈现黑色混浊状，且悬浮着很多黑色的颗粒状物质，并伴随着浓浓的臭鸡蛋味，但开启并放置半个月之后，黑色的悬浮物变为棕黄色的絮状体，初步推测为黑色的 FeS 被氧化为 3 价铁产物。污水站出口呈无色透明状，里面杂质非常少。

图 1-1　油田回注水 1、地表水以及采出水 1 外观图

(a)变质前

(b)变质后

图 1-2　污水站内变质前后进、出口水外观图

## 一、油田采出水的主要理化性能

### 1. 油田采出水的无机盐离子分析

分别使用瑞士万通公司生产的 Metrohm883 型离子色谱仪和北京东西分析仪器有限公司生产的 AA-7020 型原子吸收分光光度计对油田采出水的阴阳离子种类及含量进行分析检测。

1)第一批采出水(采出水 1)

阴离子的离子色谱图及分析结果如图 1-3 和表 1-1 所示。

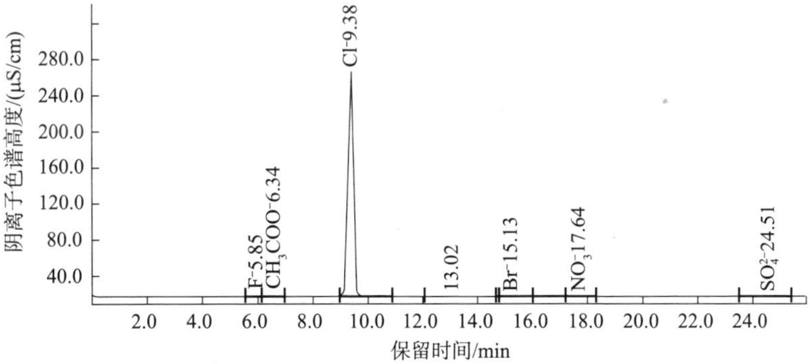


图 1-3　油田采出水 1 的阴离子的离子色谱图

**表 1-1　油田采出水 1 的阴离子的离子色谱分析结果**

| 组分名称 | 保留时间/min | 面积/[(μS/cm)×min] | 高度/(μS/cm) | 浓度/(mg/L) |
|---|---|---|---|---|
| $F^-$ | 5. 847 | 0. 0171 | 0. 052 | 7. 0 |
| $CH_3COO^-$ | 6. 342 | 0. 0206 | 0. 067 | 105. 7 |

续表

| 组分名称 | 保留时间/min | 面积/[(μS/cm)×min] | 高度/(μS/cm) | 浓度/(mg/L) |
|---|---|---|---|---|
| $Cl^-$ | 9.375 | 52.3970 | 249.444 | 15923.1 |
| $Br^-$ | 15.128 | 0.0200 | 0.058 | 119.9 |
| $NO_3^-$ | 17.643 | 0.0098 | 0.023 | 156.0 |
| $SO_4^{2-}$ | 24.512 | 0.1366 | 0.298 | 169.4 |

从油田采出水1的阴离子分析结果可以看出，采出水1中含有$F^-$、$CH_3COO^-$、$Cl^-$、$Br^-$、$NO_3^-$以及$SO_4^{2-}$，其中，$Cl^-$含量最高，达15923.1mg/L，其他几种离子含量均相对较少，只有几ppm到几百ppm($1ppm=10^{-6}$)。

阳离子的原子吸收分析结果如表1-2所示。

**表1-2 油田采出水1的阳离子的原子吸收分析结果**

| 组分名称 | 浓度/(mg/L) |
|---|---|
| $Ca^{2+}$ | 4514.3140 |
| $Mg^{2+}$ | 102.4720 |
| $Na^+$ | 4934.8799 |
| $K^+$ | 17.2122 |

从油田采出水1的阳离子分析结果可以看出，采出水1中含有$Ca^{2+}$、$Mg^{2+}$、$Na^+$以及$K^+$，其中，$Ca^{2+}$、$Na^+$含量较高，分别达到4514.3140mg/L和4934.8799mg/L，其他含量相对较少，分别为102.4720mg/L和17.2122mg/L。

此外，使用PHS-3C型pH值计测定了采出水1的pH值为6.88，还采用了常规的化学分析法来测定采出水1中矿化度[矿化度的测定(重量法) SL79-1994]以及$CO_3^{2-}$、$HCO_3^-$含量(双指示剂法)。

重量法计算矿化度的公式为：

$$C=\frac{W-W_0-W_N}{V} \tag{1-1}$$

式中 $C$——水样矿化度，mg/L；

$W$——蒸发皿和残渣的质量，g；

$W_0$——蒸发皿的质量，g；

$W_N$——实验中加入的5mL，2%浓度的$Na_2CO_3$的质量，g；

$V$——水样体积，50mL。

计算结果如表1-3所示。

表 1-3　油田采出水 1 的矿化度计算结果

| 样品 | $W$/g | $W_0$/g | 矿化度/(mg/L) |
| --- | --- | --- | --- |
| 采出水 1 | 55.7812 | 54.4723 | 24178.0 |
|  | 54.9404 | 53.5454 | 25900.0 |
| 平均矿化度/(mg/L) |  |  | 25039.0 |

双指示剂法测定水样中 $CO_3^{2-}$、$HCO_3^-$含量的公式为：

$$C(CO_3^{2-})=\frac{2\times V_1\times C(HCl)\times 30.01\times 1000}{V} \tag{1-2}$$

$$C(HCO_3^-)=\frac{(V_2-V_1)\times C(HCl)\times 61.02\times 1000}{V} \tag{1-3}$$

式中　$C(CO_3^{2-})$、$C(HCO_3^-)$——水样中 $CO_3^{2-}$、$HCO_3^-$含量，mg/L；

$V$——水样体积，50mL；

$V_1$——以酚酞作指示剂时加入盐酸的体积，mL；

$C(HCl)$——盐酸标准溶液浓度，0.0500mol/L；

$V_2$——以甲基橙作指示剂时加入盐酸的体积，mL。

计算结果如表 1-4 所示。

表 1-4　油田采出水 1 的 $CO_3^{2-}$、$HCO_3^-$含量计算结果

| 样品 | $V_1$/mL | $V_2$/mL | $C(CO_3^{2-})$/(mg/L) | $\overline{C}(CO_3^{2-})$/(mg/L) | $C(HCO_3^-)$/(mg/L) | $\overline{C}(HCO_3^-)$/(mg/L) |
| --- | --- | --- | --- | --- | --- | --- |
| 采出水 1 | 0 | 2.90 | 0 | 0 | 176.60 | 176.60 |
|  | 0 | 2.90 | 0 |  | 176.60 |  |

2)第二批采出水(采出水 2)

阴离子的离子色谱图及分析结果如图 1-4 和表 1-5 所示。

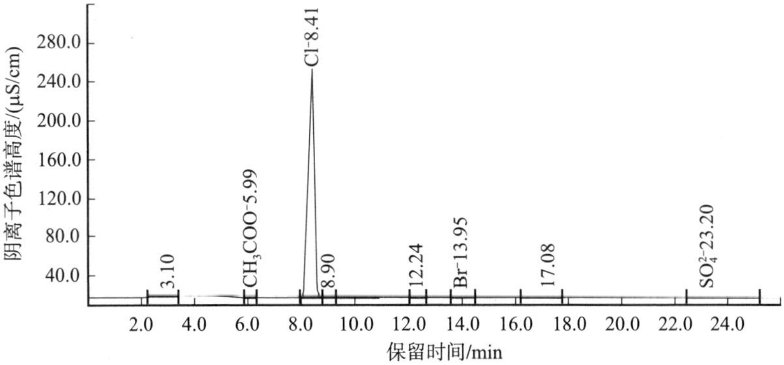


图 1-4　油田采出水 2 的阴离子的离子色谱图

表 1-5　油田采出水 2 的阴离子的离子色谱分析结果

| 组分名称 | 保留时间/min | 面积/[(μS/cm)×min] | 高度/(μS/cm) | 浓度/(mg/L) |
|---|---|---|---|---|
| $CH_3COO^-$ | 5. 990 | 0. 0154 | 0. 078 | 111. 1 |
| $Cl^-$ | 8. 407 | 56. 7120 | 236. 124 | 30532. 1 |
| $Br^-$ | 13. 952 | 0. 0148 | 0. 036 | 82. 3 |
| $SO_4^{2-}$ | 23. 197 | 0. 1773 | 0. 345 | 186. 3 |

从油田采出水 2 的阴离子分析结果可以看出，采出水 2 中含有 $CH_3COO^-$、$Cl^-$、$Br^-$以及 $SO_4^{2-}$，其中，$Cl^-$含量最高，达 30532. 1mg/L，其他几种离子含量均相对较少，只有 80~200ppm。

阳离子的原子吸收分析结果如表 1-6 所示。

表 1-6　油田采出水 2 的阳离子的原子吸收分析结果

| 组分名称 | 浓度/(mg/L) |
|---|---|
| $Ca^{2+}$ | 3325. 5076 |
| $Mg^{2+}$ | 34. 3167 |
| $Na^+$ | 2047. 5564 |
| $K^+$ | 28. 9822 |
| $Fe^{2+}/Fe^{3+}$ | 0. 6837 |

从油田采出水 2 的阳离子分析结果可以看出，采出水 2 中含有 $Ca^{2+}$、$Mg^{2+}$、$Na^+$、$K^+$以及 $Fe^{2+}$、$Fe^{3+}$，其中，$Ca^{2+}$、$Na^+$含量较高，分别达到 3325. 5076mg/L 和 2047. 5564mg/L，其他含量相对较少，均为几 ppm 到几十 ppm。

此外，还使用 PHS-3C 型 pH 值计测定了采出水 2 的 pH 值为 6. 24，采用了常规的化学分析法来测定采出水 2 中矿化度[矿化度的测定(重量法) SL79-1994]以及 $CO_3^{2-}$、$HCO_3^-$含量(双指示剂法)。

计算结果如表 1-7、表 1-8 所示。

表 1-7　油田采出水 2 的矿化度计算结果

| 样品 | $W$/g | $W_0$/g | 矿化度/(mg/L) | 平均矿化度/(mg/L) |
|---|---|---|---|---|
| 采出水 2 | 51. 5904 | 50. 2023 | 25739. 6 | 25473. 6 |
| | 56. 4161 | 55. 0546 | 25207. 6 | |

表 1-8　油田采出水 2 的 $CO_3^{2-}$、$HCO_3^-$含量计算结果

| 样品 | $V_1$/mL | $V_2$/mL | $C(CO_3^{2-})$/(mg/L) | $\overline{C}(CO_3^{2-})$/(mg/L) | $C(HCO_3^-)$/(mg/L) | $\overline{C}(HCO_3^-)$/(mg/L) |
|---|---|---|---|---|---|---|
| 采出水 2 | 0 | 3.8 | 0 | 0 | 231.88 | 225.78 |
| | 0 | 3.6 | 0 | | 219.67 | |

**2. 油田采出水的细菌含量分析**

1)基本原理

采用绝迹稀释法，即将欲测定的水样用无菌注射器逐级注入测试瓶中进行接种稀释，送实验室培养。根据细菌瓶阳性反应和稀释的倍数，计算出水样中细菌的数目。

2)材料与方法

(1)硫酸盐还原菌培养基。

培养基组成：每升培养基中含 $KH_2PO_4$ 0.5g，$NH_4Cl$ 1.0g，$Na_2SO_4$ 1.0g，$CaCl_2 \cdot 2H_2O$ 1.0g，$MgSO_4 \cdot 7H_2O$ 2.0g，60%乳酸钠 2.8g，酵母粉 1.0g，1%的硫酸亚铁氨 2mL。

培养基制备：在 1L 三角瓶中加入少量蒸馏水，按培养基配方依次称量并溶解各个组分，最后加水至 1L；煮沸、冷却至室温，加入 0.5g HCl，用 NaOH 调 pH 值至 7.0，向培养基中加入 0.5mL 刃天青，通 $N_2$，煮沸 15min 后，每支 4.5mL 分装于血清瓶厌氧试管中。

(2)腐生菌培养基。

每升培养基中含牛肉膏 3.0g，蛋白胨 2.0g，NaCl 2.0g。

(3)铁细菌培养基。

每升培养基中含 $MgSO_4 \cdot 7H_2O$ 0.5g，$(NH_4)_2SO_4$ 0.5g，$KH_2PO_4$ 0.5g，$CaCl_2$ 0.5g，柠檬酸铁铵 10g。

腐生菌与铁细菌培养基制备：将腐生菌与铁细菌培养基溶解并调节 pH 值至 7.0 后，取 4.5mL 分装至试管中。

3)水样细菌含量测定

取 10mL 样品 3000r/min 离心后去除上清液，用无菌水稀释至 10mL 后参照 SY/T 5329—2012《碎屑岩油藏注水水质推荐指标及分析方法》使用绝迹稀释法测定数量，具体步骤如下。

(1)将测试瓶排成一组，并依次编上序号。

(2)按步骤(1)操作后，用无菌注射器或无菌枪头，取 0.5mL 水样注入 1 号

瓶内，充分振荡。

(3)再用无菌注射器或无菌枪头取 0.5mL 水样注入 2 号瓶中，充分振荡。

(4)依次类推一直稀释到最后一瓶为止。根据细菌含量决定稀释瓶数，一般稀释到 7 号瓶。

(5)把上述测试瓶放入恒温培养箱中，温度(36±5)℃，硫酸盐还原菌(SRB)14d 后读数，腐生菌(TGB)和铁细菌(IB)7d 后读数。

(6)SRB 瓶中液体变黑或有黑色沉淀，即表示有硫酸盐还原菌。TGB 瓶中液体由红变黄或混浊，即表示有腐生菌。IB 测试瓶出现棕红色沉淀，即表示有铁细菌。

4)实验结果

在实验室内进行细菌计数分析，油田采出水细菌计数如图 1-5、图 1-6 所示，细菌含量分析结果如表 1-9 所示。

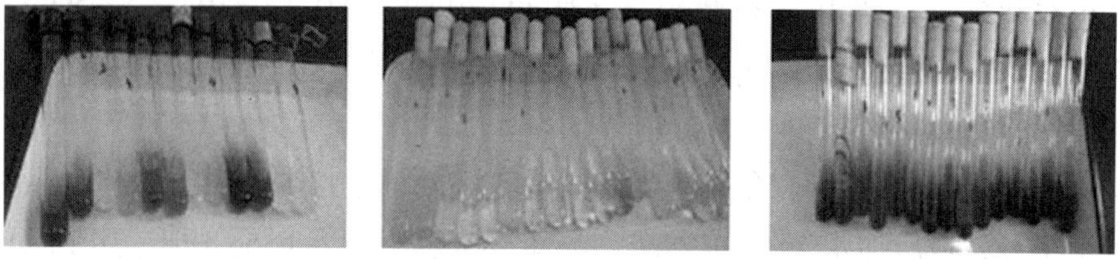

(a)硫酸盐还原菌(SRB)　(b)腐生菌(TGB)　(c)铁细菌(IB)

图 1-5　油田采出水 1 细菌计数图

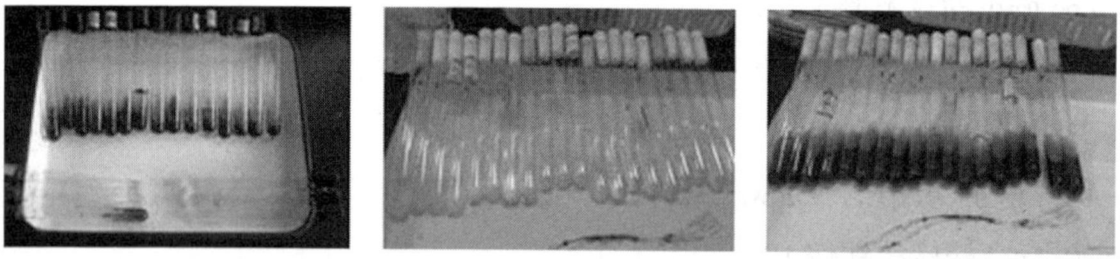

(a)硫酸盐还原菌(SRB)　(b)腐生菌(TGB)　(c)铁细菌(IB)

图 1-6　油田采出水 2 细菌计数图

**表 1-9　油田采出水的细菌含量分析结果**　个/mL

| 样品 | 腐生菌(TGB) | 硫酸盐还原菌(SRB) | 铁细菌(IB) |
|---|---|---|---|
| 采出水 1 | $2.0\times10^5$ | $3.5\times10^4$ | $8.0\times10^3$ |
| 采出水 2 | $2.5\times10^5$ | $4.5\times10^4$ | $9.5\times10^3$ |

## 二、油田回注水的主要理化性能

**1. 油田回注水的无机盐离子分析**

分别使用离子色谱仪、原子吸收分光光度计对油田回注水的阴阳离子种类及含量进行分析检测。

1)第一批回注水(回注水 1)

阴离子的离子色谱图及分析结果如图 1-7 和表 1-10 所示。

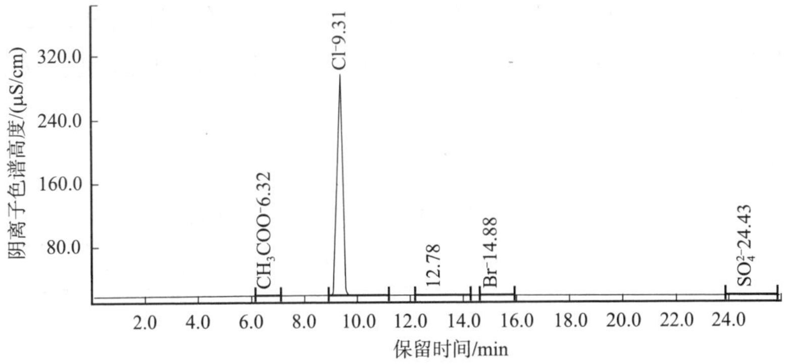


图 1-7　油田回注水 1 的阴离子的离子色谱图

**表 1-10　油田回注水 1 的阴离子的离子色谱分析结果**

| 组分名称 | 保留时间/min | 面积/[(μS/cm)×min] | 高度/(μS/cm) | 浓度/(mg/L) |
|---|---|---|---|---|
| $CH_3COO^-$ | 6. 315 | 0. 0296 | 0. 073 | 155. 8 |
| $Cl^-$ | 9. 312 | 64. 2500 | 281. 390 | 19488. 8 |
| $Br^-$ | 14. 880 | 0. 0256 | 0. 076 | 124. 7 |
| $SO_4^{2-}$ | 24. 427 | 0. 1838 | 0. 403 | 192. 0 |

从油田回注水 1 的阴离子分析结果可以看出，回注水 1 中含有 $CH_3COO^-$、$Cl^-$、$Br^-$以及 $SO_4^{2-}$，其中，$Cl^-$含量最高，达 19488. 8mg/L，其他几种离子含量均相对较少，只有 100~200ppm。

阳离子的原子吸收分析结果如表 1-11 所示。

**表 1-11　油田回注水 1 阳离子的原子吸收分析结果**

| 组分名称 | 浓度/(mg/L) |
|---|---|
| $Ca^{2+}$ | 5738. 4009 |
| $Mg^{2+}$ | 72. 2080 |

续表

| 组分名称 | 浓度/(mg/L) |
|---|---|
| $Na^+$ | 3740.9600 |
| $K^+$ | 15.6719 |

从油田回注水1的阳离子分析结果可以看出，回注水1中含有$Ca^{2+}$、$Mg^{2+}$、$Na^+$以及$K^+$，其中，$Ca^{2+}$、$Na^+$含量较高，分别达到5738.4009mg/L和3740.9600mg/L，其他含量相对较少，均为几十ppm。

此外，还使用PHS-3C型pH值计测定了回注水1的pH值为7.15，采用了常规的化学分析法来测定回注水1中矿化度[矿化度的测定(重量法)SL79-1994]以及$CO_3^{2-}$、$HCO_3^-$含量(双指示剂法)。

计算结果如表1-12、表1-13所示。

**表1-12　油田回注水1的矿化度计算结果**

| 样品 | $W$/g | $W_0$/g | 矿化度/(mg/L) | 平均矿化度/(mg/L) |
|---|---|---|---|---|
| 回注水1 | 56.5884 | 55.0461 | 28823.6 | 28782.6 |
| | 56.5844 | 55.0462 | 28741.6 | |

**表1-13　油田回注水1的$CO_3^{2-}$、$HCO^{3-}$含量计算结果**

| 样品 | $V_1$/mL | $V_2$/mL | $C(CO_3^{2-})$/(mg/L) | $\overline{C}(CO_3^{2-})$/(mg/L) | $C(HCO_3^-)$/(mg/L) | $\overline{C}(HCO_3^-)$/(mg/L) |
|---|---|---|---|---|---|---|
| 回注水1 | 0 | 2.20 | 0 | 0 | 133.98 | 130.93 |
| | 0 | 2.10 | 0 | | 127.89 | |

2)第二批回注水(回注水2)

阴离子的离子色谱图及分析结果如图1-8和表1-14所示。

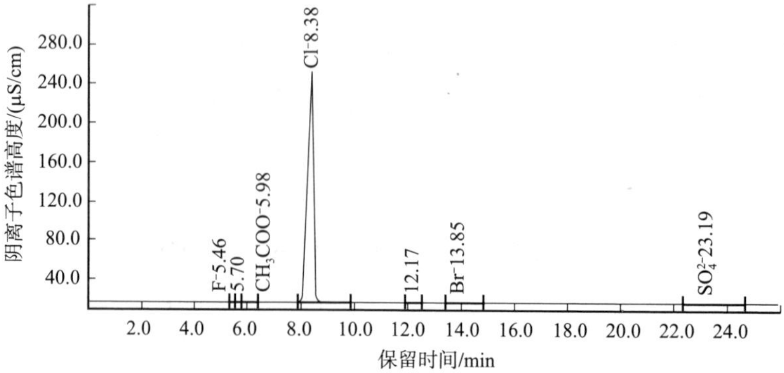


图1-8　油田回注水2的阴离子的离子色谱图

表 1-14　油田回注水 2 的阴离子的离子色谱分析结果

| 组分名称 | 保留时间/min | 面积/[(μS/cm)×min] | 高度/(μS/cm) | 浓度/(mg/L) |
|---|---|---|---|---|
| $F^-$ | 5. 462 | 0. 0034 | 0. 027 | 10. 6 |
| $CH_3COO^-$ | 5. 983 | 0. 0203 | 0. 089 | 153. 5 |
| $Cl^-$ | 8. 382 | 56. 7572 | 236. 497 | 30556. 4 |
| $Br^-$ | 13. 853 | 0. 0146 | 0. 030 | 82. 2 |
| $SO_4^{2-}$ | 23. 185 | 0. 2300 | 0. 471 | 226. 7 |

从油田回注水 2 的阴离子分析结果可以看出，回注水 2 中含有 $F^-$、$CH_3COO^-$、$Cl^-$、$Br^-$以及 $SO_4^{2-}$，其中，$Cl^-$含量最高，达 30556. 4mg/L，其他几种离子含量均相对较少，只有 10~250ppm。

阳离子的原子吸收分析结果如表 1-15 所示。

表 1-15　油田回注水 2 阳离子的原子吸收分析结果

| 组分名称 | 浓度/(mg/L) |
|---|---|
| $Ca^{2+}$ | 3842. 5710 |
| $Mg^{2+}$ | 8. 7420 |
| $Na^+$ | 1978. 6031 |
| $K^+$ | 60. 0648 |
| $Fe^{2+}/Fe^{3+}$ | 0. 1877 |

从油田回注水 2 的阳离子分析结果可以看出，回注水 2 中含有 $Ca^{2+}$、$Mg^{2+}$、$Na^+$、$Fe^{2+}$、$Fe^{3+}$以及 $K^+$，其中，$Ca^{2+}$、$Na^+$含量较高，分别达到 3842. 5710mg/L 和 1978. 6031mg/L，其他含量相对较少，均为几 ppm 到几十 ppm。

此外，还使用 PHS-3C 型 pH 值计测定了回注水 2 的 pH 值为 7. 87，采用了常规的化学分析法来测定回注水 2 中矿化度[矿化度的测定(重量法) SL79-1994]以及 $CO_3^{2-}$、$HCO_3^-$含量(双指示剂法)。

计算结果如表 1-16、表 1-17 所示。

表 1-16　油田回注水 2 的矿化度计算结果

| 样品 | $W$/g | $W_0$/g | 矿化度/(mg/L) | 平均矿化度/(mg/L) |
|---|---|---|---|---|
| 回注水 2 | 55. 8322 | 54. 3669 | 27283. 6 | 28104. 6 |
| | 51. 7504 | 50. 2030 | 28925. 6 | |

表 1-17　油田回注水 2 的 $CO_3^{2-}$、$HCO_3^-$ 含量计算结果（未实测）

| 样品 | $V_1$/mL | $V_2$/mL | $C(CO_3^{2-})$/(mg/L) | $\overline{C}(CO_3^{2-})$/(mg/L) | $C(HCO_3^-)$/(mg/L) | $\overline{C}(HCO_3^-)$/(mg/L) |
|---|---|---|---|---|---|---|
| 回注水 2 | 0.4 | 1.7 | 24.01 | 24.01 | 79.33 | 85.43 |
| | 0.4 | 1.9 | 24.01 | | 91.53 | |

**2. 油田回注水的细菌含量分析**

在实验室内进行细菌计数分析，油田回注水细菌计数如图 1-9、图 1-10 所示，细菌含量分析结果如表 1-18 所示。

（a）硫酸盐还原菌（SRB）　（b）腐生菌（TGB）　（c）铁细菌（IB）

图 1-9　油田回注水 1 细菌计数图

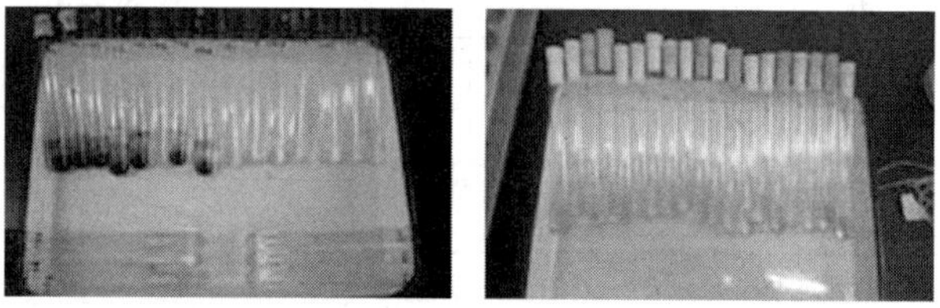

（a）硫酸盐还原菌（SRB）　（b）腐生菌（TGB）

图 1-10　油田回注水 2 细菌计数图

表 1-18　油田回注水的细菌含量分析结果　个/mL

| 样品 | 腐生菌（TGB） | 硫酸盐还原菌（SRB） | 铁细菌（IB） |
|---|---|---|---|
| 回注水 1 | $3.5\times10^3$ | 20 | 20 |
| 回注水 2 | $4.5\times10^3$ | 20 | 20 |

## 三、油田地表水的主要理化性能

**1. 油田地表水的无机盐离子分析**

分别使用离子色谱仪、原子吸收分光光度计对油田地表水的阴阳离子种类及含量进行分析检测。阴离子的离子色谱图及分析结果如图 1-11 和表 1-19 所示。

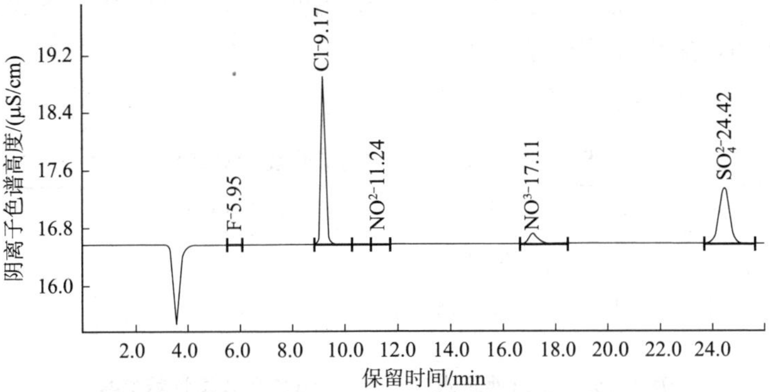


图 1-11　油田地表水的阴离子的离子色谱图

**表 1-19　油田地表水的阴离子的离子色谱分析结果**

| 组分名称 | 保留时间/min | 面积/[(μS/cm)×min] | 高度/(μS/cm) | 浓度/(mg/L) |
|---|---|---|---|---|
| $F^-$ | 5.948 | 0.0089 | 0.039 | 9.1 |
| $Cl^-$ | 9.167 | 0.4250 | 2.335 | 288.5 |
| $NO_2^-$ | 11.237 | 0.0058 | 0.026 | 108.0 |
| $NO_3^-$ | 17.110 | 0.0567 | 0.144 | 185.4 |
| $SO_4^{2-}$ | 24.420 | 0.3503 | 0.780 | 272.0 |

从油田地表水的阴离子分析结果可以看出，地表水中含有 $F^-$、$Cl^-$、$NO_2^-$、$NO_3^-$以及 $SO_4^{2-}$，其中，$Cl^-$、$SO_4^{2-}$含量较高，分别为 288.5mg/L 和 272.0mg/L，其他离子含量均相对较少，但总体来说地表水中阴离子含量相对较少。

阳离子的原子吸收分析结果如表 1-20 所示。

**表 1-20　油田地表水的阳离子的原子吸收分析结果**

| 组分名称 | 浓度/(mg/L) |
|---|---|
| $Ca^{2+}$ | 36.3516 |
| $Mg^{2+}$ | 46.4190 |
| $Na^+$ | 138.9290 |
| $K^+$ | 10.9549 |

从油田地表水的阳离子分析结果可以看出，地表水中含有 $Ca^{2+}$、$Mg^{2+}$、$Na^+$以及 $K^+$，其中，$Na^+$含量最高，为 138.9290mg/L，其他含量相对较少，均为几十 ppm。

此外，还使用 PHS-3C 型 pH 值计测定了地表水的 pH 值为 7.77，采用了常规的化学分析法来测定采出水中矿化度[矿化度的测定(重量法) SL79-1994]以及 $CO_3^{2-}$、$HCO_3^-$含量(双指示剂法)。

计算结果如表 1-21、表 1-22 所示。

**表 1-21 油田地表水的矿化度计算结果**

| 样品 | $W$/g | $W_0$/g | 矿化度/(mg/L) | 平均矿化度/(mg/L) |
|---|---|---|---|---|
| 地表水 | 61.3467 | 61.2361 | 189.6 | 171.6 |
| | 61.3444 | 61.2356 | 153.6 | |

**表 1-22 油田地表水的 $CO_3^{2-}$、$HCO^{3-}$ 含量计算结果**

| 样品 | $V_1$/mL | $V_2$/mL | $C(CO_3^{2-})$/(mg/L) | $\overline{C}(CO_3^{2-})$/(mg/L) | $C(HCO_3^-)$/(mg/L) | $\overline{C}(HCO_3^-)$/(mg/L) |
|---|---|---|---|---|---|---|
| 地表水 | 0 | 7.70 | 0 | 0 | 468.91 | 462.82 |
| | 0 | 7.50 | 0 | | 456.73 | |

**2. 油田地表水的细菌含量分析**

在实验室内进行细菌计数分析，油田地表细菌计数如图 1-12 所示，其细菌含量分析结果如表 1-23 所示。

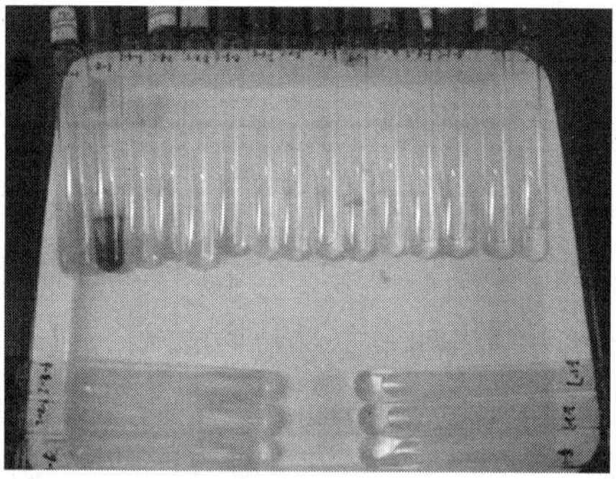

硫酸盐还原菌(SRB)

图 1-12 油田地表水细菌计数图

**表 1-23 油田地表水的细菌含量分析结果**

个/mL

| 样品 | 腐生菌(TGB) | 硫酸盐还原菌(SRB) | 铁细菌(IB) |
|---|---|---|---|
| 地表水 | 250 | 0.4 | 70 |

## 四、油田水质检测结果汇总

油田采出水、回注水以及地表水检测结果汇总如表 1-24 所示。

表 1-24　油田水质检测结果汇总　mg/L

| 介质 | $Cl^-$ | $Ca^{2+}$ | $Mg^{2+}$ | $Na^+$ | $K^+$ | $SO_4^{2-}$ |
|---|---|---|---|---|---|---|
| 采出水 1 | 15923.1 | 4514.3140 | 102.4720 | 4934.8799 | 17.2122 | 169.4 |
| 采出水 2 | 30532.1 | 3325.5076 | 34.3167 | 2047.5564 | 28.9822 | 186.3 |
| 回注水 1 | 19488.8 | 5738.4009 | 72.2080 | 3740.9600 | 15.6719 | 192.0 |
| 回注水 2 | 30556.4 | 3842.5710 | 8.7420 | 1978.6031 | 60.0648 | 226.7 |
| 地表水 | 288.5 | 36.3516 | 46.4190 | 138.9290 | 10.9549 | 272.0 |
| 介质 | 矿化度 | $HCO_3^-$ | pH 值 | TGB | SRB | IB |
| 采出水 1 | 25039.0 | 176.60 | 6.88 | $2.0\times10^5$ | $3.5\times10^4$ | $8.0\times10^3$ |
| 采出水 2 | 25473.6 | 225.78 | 6.24 | $2.5\times10^5$ | $4.5\times10^4$ | $9.5\times10^3$ |
| 回注水 1 | 28782.6 | 130.93 | 7.15 | $3.5\times10^3$ | 20 | 20 |
| 回注水 2 | 28104.6 | 85.43 | 7.87 | $4.5\times10^3$ | 20 | 20 |
| 地表水 | 171.6 | 462.82 | 7.77 | 250 | 0.4 | 70 |

表 1-24 中可以看出，采出水和回注水中 $Cl^-$、$Ca^{2+}$、$Mg^{2+}$、$Na^+$、$K^+$以及矿化度均较地表水高得多，而地表水中 $SO_4^{2-}$、$HCO_3^-$含量较采出水和回注水高。回注水中 $Mg^{2+}$、$Na^+$、$K^+$、SRB、IB 以及 $HCO_3^-$含量均较采出水有所降低，其 pH 值呈中性，而采出水呈弱酸性，其 $Ca^{2+}$、$HCO_3^-$、矿化度以及 TGB 含量均很高，$Mg^{2+}$和 $SO_4^{2-}$的含量较低。因此，初步断定溶液中结 $CaCO_3$垢的可能性很大，而结其他垢的可能性较小。

# 第二节　油田腐蚀产物分析

在实际生产过程中，注气井和生产井井下以及地面设备处于非常复杂的腐蚀环境中。特别是在井下，由于从井底到井口的温度、压力等随着井深的变化而变化，会对腐蚀产生影响。在注空气泡沫驱油工艺的实施过程中，由于空气中的氧、水以及高温、高压等工况，注入系统腐蚀严重。

采用美国 FEI 公司生产的 Quanta450 型环境扫描电子显微镜(SEM)[附带 X 射线能谱(EDS)仪]对腐蚀产物形貌进行观察。其加速电压为 200V~30kV，最大束流 2μA，并连续可调，可放大 6~100000 倍。采用荷兰帕纳科公司生产的 X′ Pert MPD PRO 型 X′ Pert PRO 粉末 X-射线衍射仪(XRD)对现场取回的腐蚀产物进行成分分析。其扫描速率为 0.13369(°)/s，电压为 40kV，步长为 0.0167°，电流为 40mA，结合 EDS 分析结果，通过 X′ Pert High Score Plus 软件对 XRD 图谱进行物质结构分析筛选，主要设备如图 1-13 所示。

(a)SEM+EDS 分析仪　　(b)XRD 分析仪

图 1-13　主要实验设备

## 一、油田阀门处腐蚀产物分析

油田阀门处腐蚀产物取样点有三个，分别记为小阀门、大阀门 1 和大阀门 2，其中，小阀门用于污水回注管。其腐蚀形貌如图 1-14 所示，腐蚀产物总体呈棕红色，小阀门腐蚀产物大颗粒状较多，粉末较少，而大阀门 1 和大阀门 2 中只有较少的片状物，粉末较多。另外，大阀门 1 中还夹杂部分黑色片状物质。

(a)小阀门　　(b)大阀门 1　　(c)大阀门 2

图 1-14　油田阀门处腐蚀产物

分别对小阀门、大阀门 1 和大阀门 2 的腐蚀产物进行 SEM 形貌观测，如图 1-15所示。

(a)小阀门

(b)大阀门 1

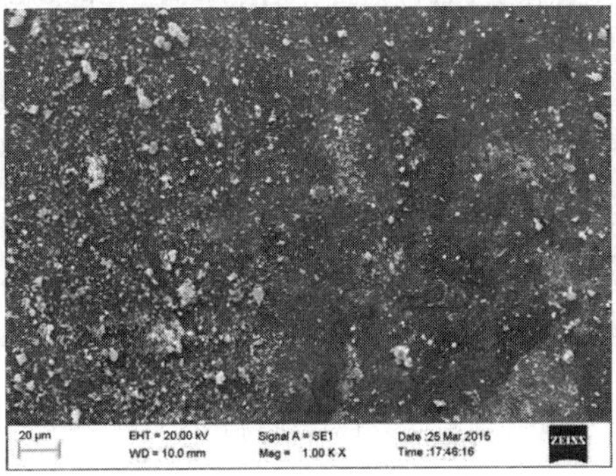

(c)大阀门 2

图 1-15　油田阀门处腐蚀产物的 SEM 形貌

从图 1-15 中可以看出，小阀门的腐蚀产物表面呈现不规则腐蚀形态，多孔洞，非常疏松，颗粒缝隙较大；大阀门 1 的腐蚀产物表面不均匀，不光滑，局部表面有龟裂现象，部分区域较平整，部分区域有不规则晶体分散于表面，易于脱落；大阀门 2 的腐蚀产物膜表面很平整且致密，有少量块状晶体分布于表面，没有较大的腐蚀痕迹，部分区域有小而深的孔洞，呈“点蚀”，其周围产物膜易开裂和脱落。综合分析，腐蚀产物致密程度由高到低的顺序为：大阀门 2、大阀门 1、小阀门，也就是说大阀门 2 的腐蚀产物相对致密，腐蚀产物不易脱落。三种腐蚀产物表观形貌存在明显差异，可能与腐蚀介质、腐蚀条件以及材质等有关。

分别对小阀门、大阀门 1 和大阀门 2 的腐蚀产物进行能谱测试，如图 1-16 所示，分析结果如表 1-25 所示，发现腐蚀产物中主要元素为 O、Fe、C、Ca、S 以及 Mg。

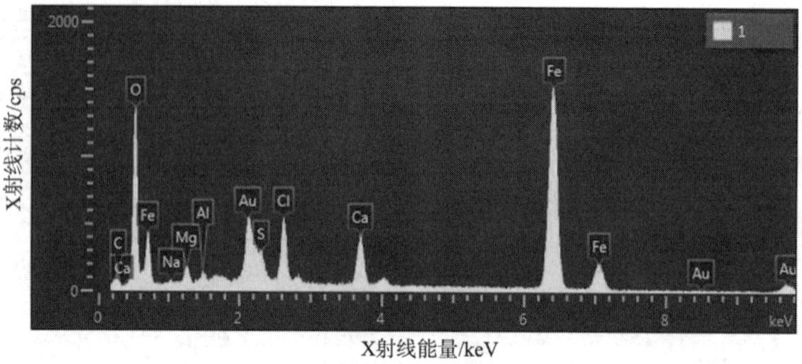


(a)小阀门

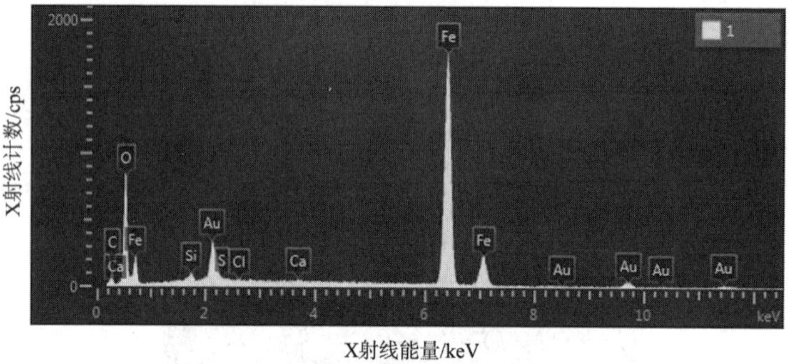


(b)大阀门 1

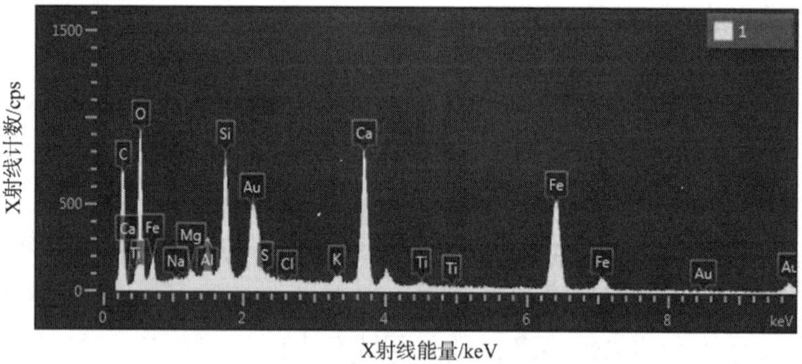


(c)大阀门 2

图 1-16　油田阀门处腐蚀产物的 EDS 图谱

**表 1-25　油田阀门处腐蚀产物 EDS 分析结果**

| 元素 | 小阀门 | | 大阀门 1 | | 大阀门 2 | |
|---|---|---|---|---|---|---|
| | 质量分数/% | 原子分数/% | 质量分数/% | 原子分数/% | 质量分数/% | 原子分数/% |
| C | 7.88 | 19.28 | 6.22 | 18.50 | 29.04 | 49.10 |
| O | 24.45 | 44.93 | 15.84 | 35.38 | 26.36 | 33.46 |

续表

| 元素 | 小阀门 | | 大阀门 1 | | 大阀门 2 | |
|---|---|---|---|---|---|---|
| | 质量分数/% | 原子分数/% | 质量分数/% | 原子分数/% | 质量分数/% | 原子分数/% |
| Si | 0.00 | 0.00 | 0.60 | 0.76 | 4.48 | 3.24 |
| Na | 0.16 | 0.21 | 0.00 | 0.00 | 0.10 | 0.09 |
| Mg | 1.35 | 1.64 | 0.00 | 0.00 | 0.40 | 0.33 |
| Al | 0.55 | 0.60 | 0.00 | 0.00 | 1.69 | 1.27 |
| S | 1.70 | 1.55 | 0.16 | 0.18 | 0.27 | 0.17 |
| Cl | 4.11 | 3.41 | 0.13 | 0.13 | 0.00 | 0.00 |
| K | 0.00 | 0.00 | 0.00 | 0.00 | 0.55 | 0.29 |
| Ca | 4.03 | 2.95 | 0.11 | 0.10 | 8.83 | 4.47 |
| Fe | 45.36 | 23.88 | 67.58 | 43.25 | 17.35 | 6.31 |

由表 1-25 可以看出，油田阀门处的腐蚀产物中 O 元素含量均较高，说明在高温高压条件下，溶解氧是造成腐蚀的主要因素。

对油田阀门处的腐蚀产物 XRD 分析如图 1-17 所示。分析结果表明，小阀门处的腐蚀产物主要成分为 $CaCO_3$、$Fe_2O_3$、$Al_2O_3$、FeS。其中，$CaCO_3$可能主要是腐蚀介质结垢产物，也有可能是地层砂的主要成分，甘谷驿油田回注水中含有大量的 $Ca^{2+}$、$Mg^{2+}$、$HCO_3^-$和 $SO_4^{2-}$成垢离子，一旦环境条件发生改变，就可能形成 $CaCO_3$垢。$Al_2O_3$是地层砂土的主要成分，可能是管线内砂粒等杂质的残留物。$Fe_2O_3$可能是钢管被氧腐蚀之后的产物，也可能是地层砂土的成分。产物中没有 $Fe_3O_4$，说明腐蚀在高含氧环境中进行。FeS 是腐蚀和硫酸盐还原菌繁殖后共同产生，前者产生 $Fe^{2+}$，后者产生 $S^{2-}$。最后，结合 XRD 产物分析以及 EDS 元素分析，可以推断小阀门处的腐蚀产物以 $Fe_2O_3$、FeS 为主，$CaCO_3$、$Al_2O_3$含量较少。

大阀门 1 处的腐蚀产物主要成分为 $CaCO_3$、$SiO_2$、$Fe_2O_3$、FeS。其中，$CaCO_3$可能主要是腐蚀介质结垢的产物，大量的 $Ca^{2+}$、$HCO_3^-$存在会产生结垢物。$CaCO_3$、$SiO_2$可能是地层砂的主要成分，$Fe_2O_3$可能是钢管被氧腐蚀之后的产物，也可能是地层砂土的成分。而 FeS 是腐蚀和硫酸盐还原菌繁殖后共同产生的结果。最后，结合 XRD 产物分析以及 EDS 元素分析，可以推断大阀门 1 处的腐蚀产物以 $Fe_2O_3$为主，$CaCO_3$、FeS、$SiO_2$含量则相对较少。

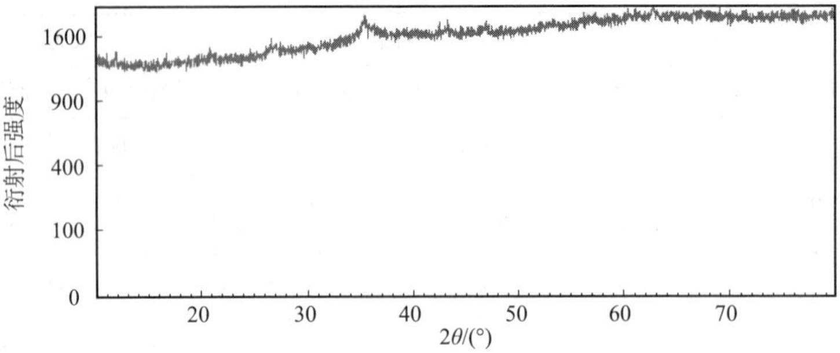

(a)小阀门

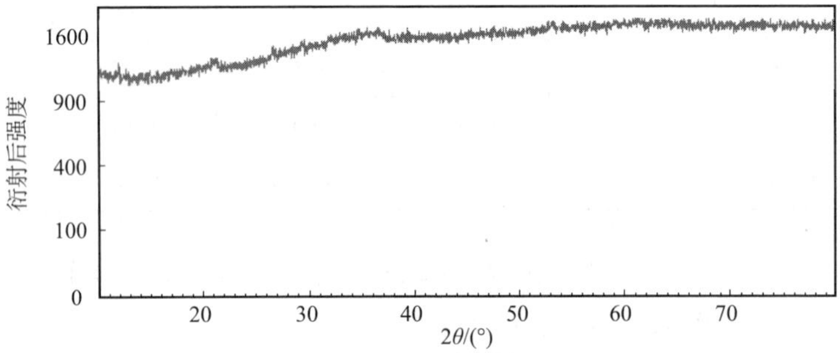

(b)大阀门1

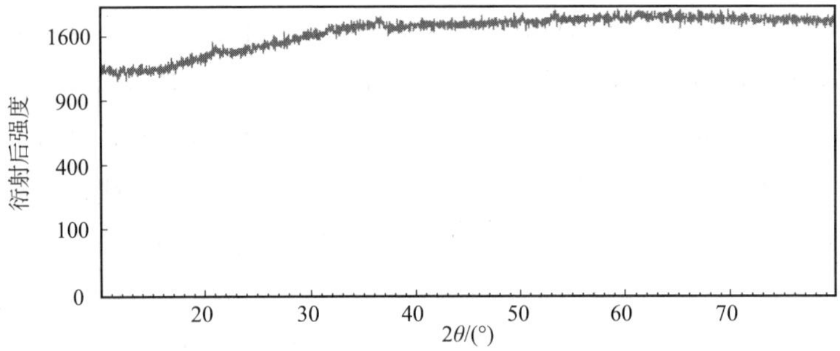

(c)大阀门2

图 1-17　油田阀门处腐蚀产物 XRD 图谱

大阀门 2 处的腐蚀产物主要成分为 $CaCO_3$、$SiO_2$、$Fe_2O_3$、FeS、$Al_2O_3$。其中，$CaCO_3$可能主要是腐蚀介质结垢的产物，大量的 $Ca^{2+}$、$HCO_3^-$存在会产生$CaCO_3$结垢物。$CaCO_3$、$SiO_2$可能是地层砂的主要成分，$Al_2O_3$是地层砂土的主要成分，可能是管线内砂粒等杂质的残留物。$Fe_2O_3$可能是钢管被氧腐蚀之后的产物，也可能是地层砂土的成分。而 FeS 主要由腐蚀和硫酸盐还原菌繁殖后共同产生。最后，结合 XRD 产物分析以及 EDS 元素分析，可以推断，大阀门 2 处的腐蚀产物以 $CaCO_3$、$Fe_2O_3$为主，FeS、$SiO_2$、$Al_2O_3$含量则相对较少。

## 二、油田流量计处腐蚀产物分析

油田流量计处腐蚀产物取样点有两个，分别记为流量计 1 和流量计 2。其腐蚀形貌如图 1-18 和图 1-19 所示。流量计 1 的腐蚀产物整体呈红褐色，大颗粒状较多，粉末较少；流量计 2 的腐蚀产物整体呈灰黑色，夹杂部分棕褐色物质，其中片状物相对较少，粉末较多。

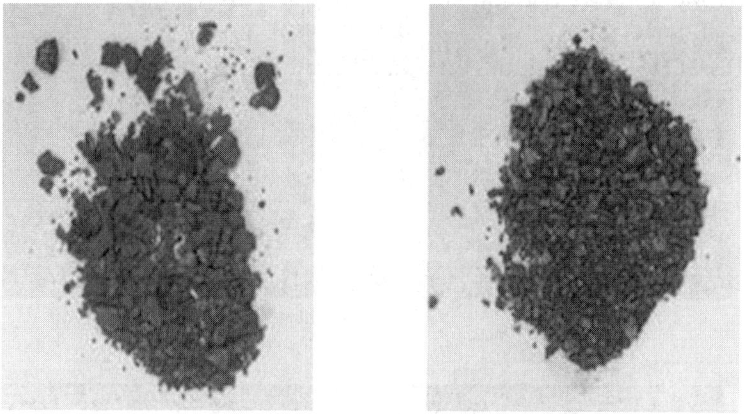

(a)流量计 1　　(b)流量计 2

图 1-18　油田流量计处腐蚀产物

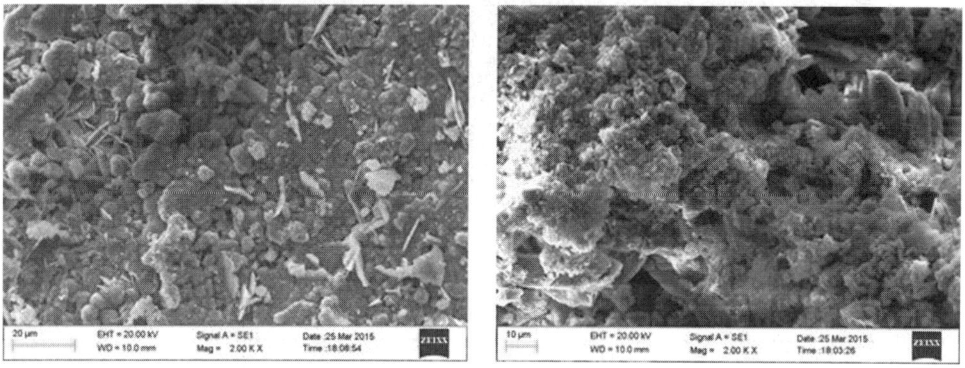


(a)流量计 1　　(b)流量计 2

图 1-19　油田流量计处腐蚀产物的 SEM 形貌

从图 1-19 中可以看出，流量计 1 的腐蚀产物表面较为均匀，部分区域较为平整，部分区域不规则腐蚀产物颗粒混合分布，颗粒之间缝隙较大，疏松易脱落。流量计 2 的腐蚀产物表面有较大的颗粒和较细小的颗粒填充在孔隙中，晶体外围有均匀小颗粒物质覆盖，部分出现了较大的凹陷和凸起，腐蚀产物较为致密。经综合分析，腐蚀产物致密程度由高到低的顺序为：流量计 2、流量计 1，即流量计 2 的腐蚀产物相对致密，腐蚀产物不易脱落。两种腐蚀产物表观形貌存在明显差异，可能与腐蚀介质、腐蚀条件以及材质等有关。

分别对流量计 1 和流量计 2 的腐蚀产物进行能谱测试，如图 1-20 所示，分析结果如表 1-26 所示，腐蚀产物中主要元素为 O、Fe、C、Ca、S、Si 及 Mg。

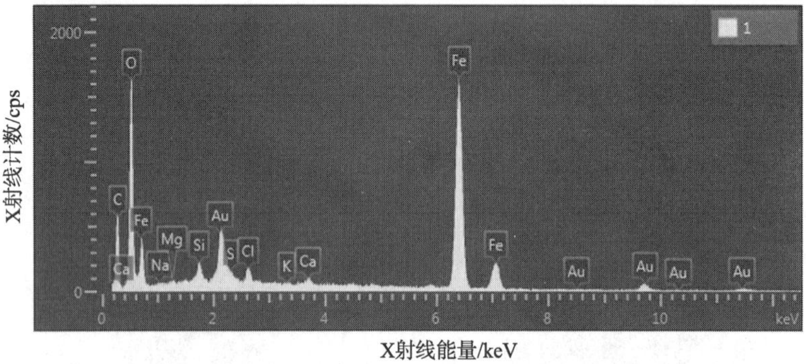


(a) 流量计 1

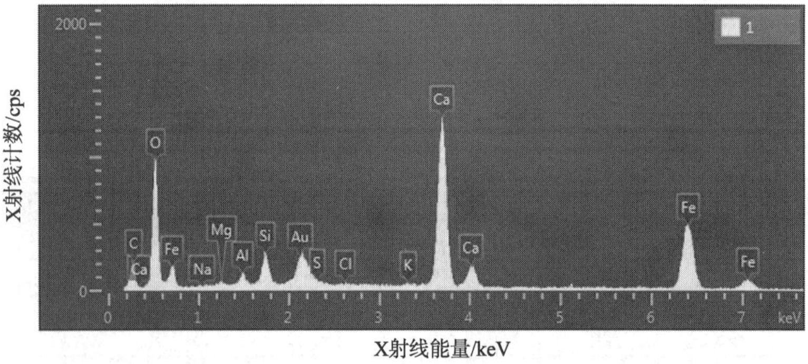


(b) 流量计 2

图 1-20　油田流量计处腐蚀产物的 EDS 图谱

**表 1-26　油田流量计处腐蚀产物 EDS 分析结果**

| 元素 | 流量计 1 | | 流量计 2 | |
|---|---|---|---|---|
| | 质量分数/% | 原子分数/% | 质量分数/% | 原子分数/% |
| C | 20.66 | 40.89 | 10.20 | 20.10 |
| O | 25.22 | 37.48 | 36.87 | 54.55 |
| Si | 0.86 | 0.73 | 2.18 | 1.84 |

续表

| 元素 | 流量计 1 | | 流量计 2 | |
|---|---|---|---|---|
| | 质量分数/% | 原子分数/% | 质量分数/% | 原子分数/% |
| Na | 0.08 | 0.08 | 0.02 | 0.02 |
| Mg | 0.19 | 0.19 | 0.33 | 0.32 |
| Al | 0.00 | 0.00 | 0.90 | 0.79 |
| S | 0.41 | 0.31 | 0.18 | 0.13 |
| Cl | 0.90 | 0.60 | 0.13 | 0.09 |
| K | 0.16 | 0.10 | 0.21 | 0.13 |
| Ca | 0.42 | 0.25 | 19.69 | 11.63 |
| Fe | 43.30 | 18.43 | 22.67 | 9.61 |

从表 1-26 中可以看出，油田流量计处的腐蚀产物中 O 元素含量较高，说明在高温高压条件下，溶解氧是造成腐蚀的主要因素。流量计 2 中 O 元素和 Ca 元素含量均相对较高，可推测该条件下流量计表面腐蚀和结垢的倾向均较为显著。

对油田流量计处的腐蚀产物 XRD 分析如图 1-21 所示。分析结果表明，流量计 1 处的腐蚀产物主要成分为 $CaCO_3$、$Fe_2O_3$、$Al_2O_3$、FeS、$SiO_2$。其中，$CaCO_3$ 主要可能是腐蚀介质结垢产物，也有可能是地层砂的主要成分，大量的 $Ca^{2+}$、$Mg^{2+}$、$HCO_3^-$和 $SO_4^{2-}$成垢离子，可能会形成 $CaCO_3$垢。$CaCO_3$、$SiO_2$有可能是地层砂的主要成分。$Al_2O_3$是地层砂土的主要成分，可能是管线内砂粒等杂质的残留物。$Fe_2O_3$可能是地层砂土的成分，更可能是钢管被氧腐蚀之后的产物。产物中没有 $Fe_3O_4$，说明腐蚀是在高含氧环境中发生的。FeS 是腐蚀和硫酸盐还原菌繁殖后共同产生，前者产生 $Fe^{2+}$，后者产生 $S^{2-}$。最后，结合 XRD 产物分析及 EDS 元素分析，可以推断，流量计 1 处的腐蚀产物以 $Fe_2O_3$为主，$CaCO_3$、$Al_2O_3$、FeS、$SiO_2$含量相对较少。

流量计 2 处的腐蚀产物主要成分为 $CaCO_3$、$Fe_2O_3$、$Al_2O_3$、FeS、$SiO_2$。其中，$CaCO_3$主要可能是腐蚀介质结垢的产物，大量的 $Ca^{2+}$、$HCO_3^-$存在会产生结垢物。$CaCO_3$、$SiO_2$有可能是地层砂的主要成分，$Fe_2O_3$可能是地层砂土的成分，更可能是钢管被氧腐蚀之后的产物。而 FeS 是腐蚀和硫酸盐还原菌繁殖后共同作用的结果。最后，结合 XRD 产物分析以及 EDS 元素分析，可以推断，流量计 2 处的腐蚀产物以 $Fe_2O_3$、$CaCO_3$、$SiO_2$为主，其他产物含量则相对较少。

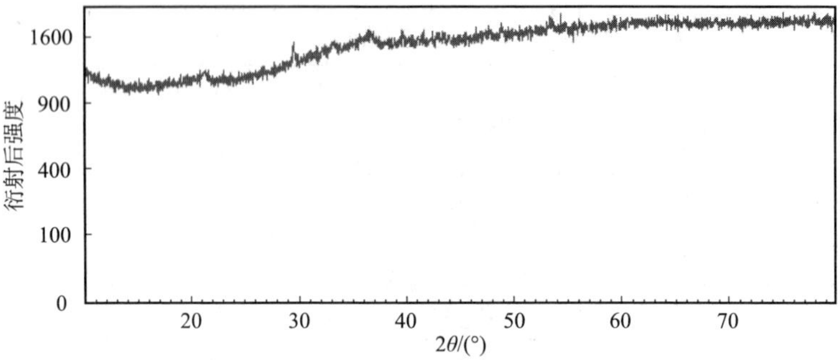


(a)流量计1

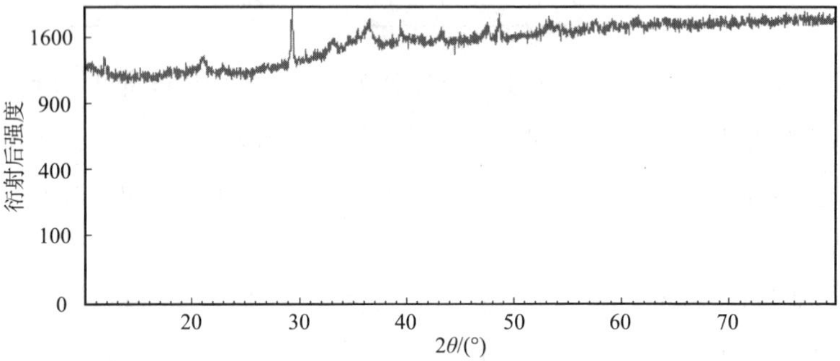


(b)流量计2

图 1-21　油田流量计处腐蚀产物 XRD 图谱

## 三、油田管道处腐蚀产物分析

油田管道处腐蚀产物取样点有一个，为现场使用的套管内部的腐蚀产物。其腐蚀形貌如图 1-22 所示。从外观上来看，腐蚀产物总体呈黑色，中间夹杂很少量的红色物质，说明腐蚀产物可能是以垢为主，形态以粉末状为主，大颗粒状及片状较少。

对油田管道内部的腐蚀产物进行 SEM 形貌观测，如图 1-23 所示。

从图 1-23 中可以看出，油田管道处的腐蚀产物表面整体十分致密，产物层峦聚集，局部呈“岩层”状，不规则小颗粒晶体分散于表面，且存在开裂现象。

对油田管道处的腐蚀产物进行能谱测试，如图 1-24 所示，分析结果如表 1-27所示，腐蚀产物中主要元素为 O、Fe、C、Ca、S、Na、Si 及 Mg。

图 1-22　油田管道处腐蚀产物

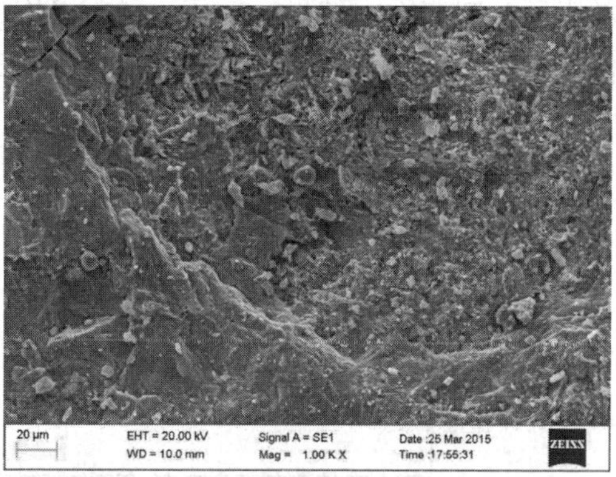


图 1-23　油田管道处腐蚀产物的 SEM 形貌

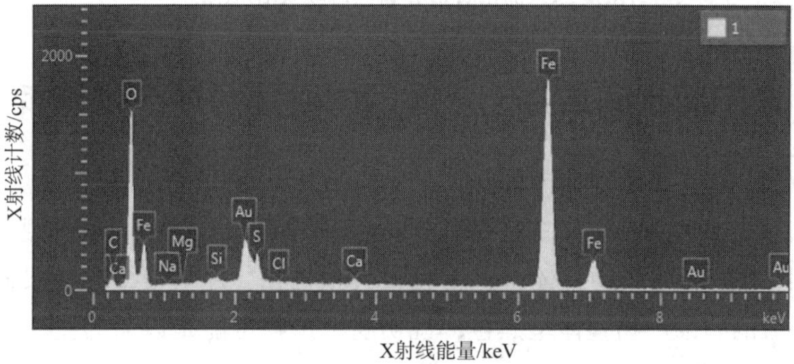


图 1-24　油田管道处腐蚀产物的 EDS 图谱

**表 1-27　油田管道处腐蚀产物 EDS 分析结果**

| 元素 | C | O | Na | Mg | Si | S | Cl | Ca | Fe |
|---|---|---|---|---|---|---|---|---|---|
| 质量分数/% | 6.52 | 23.28 | 0.13 | 0.10 | 0.24 | 2.13 | 0.14 | 0.53 | 57.11 |
| 原子分数/% | 17.12 | 45.87 | 0.18 | 0.13 | 0.27 | 2.09 | 0.13 | 0.42 | 32.23 |

从表 1-27 中可以看出，油田管道处的腐蚀产物中 O 元素含量较高，说明在高温高压条件下，溶解氧是造成腐蚀的主要因素。

对油田管道处的腐蚀产物 XRD 分析如图 1-25 所示。分析结果表明，油田管道处的腐蚀产物主要成分为 $CaCO_3$、$Fe_2O_3$、FeS、$SiO_2$。其中，$CaCO_3$ 主要可能是腐蚀介质结垢产物，也有可能是地层砂的主要成分，大量的 $Ca^{2+}$、$Mg^{2+}$、$HCO_3^-$ 和 $SO_4^{2-}$ 成垢离子，可能会形成 $CaCO_3$ 垢。$CaCO_3$、$SiO_2$ 有可能是地层砂的主要成分。$Fe_2O_3$ 可能是地层砂土的成分，更可能是钢管被氧腐蚀之后的产物。产物中没有 $Fe_3O_4$，说明腐蚀是在高含氧环境中发生的。FeS 是腐蚀和硫酸盐还原菌繁殖后共同产生的结果。最后，结合 XRD 产物分析及 EDS 元素分析，可以推断油田管道处的腐蚀产物以 $Fe_2O_3$、FeS 为主，其他产物含量相对较少。

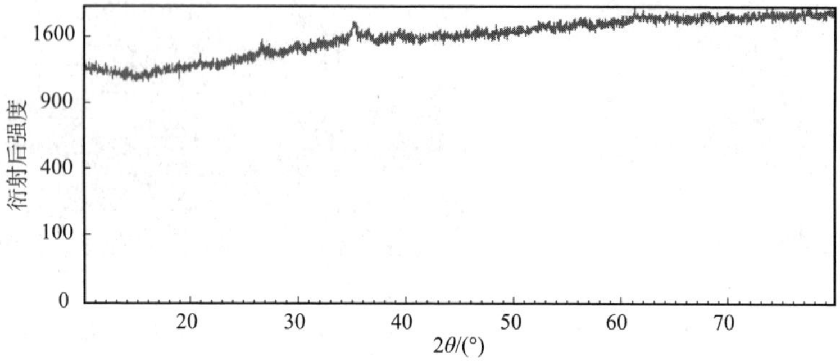


图 1-25　油田管道处腐蚀产物 XRD 图谱

## 四、油田配水间单井出水阀门内壁处腐蚀产物分析

油田配水间单井出水阀门内壁的腐蚀结垢产物取样点有两个，分别为 T169-5 注水井、丛 53-3 井口，腐蚀形貌如图 1-26 所示。从外观上来看，T169-5 注水井的腐蚀产物整体呈红褐色，大颗粒状、片状较多，粉末较少；而丛 53-3 井口的腐蚀产物整体呈黑色，说明腐蚀产物可能是以垢为主，其中片状物、粉末含量相当。

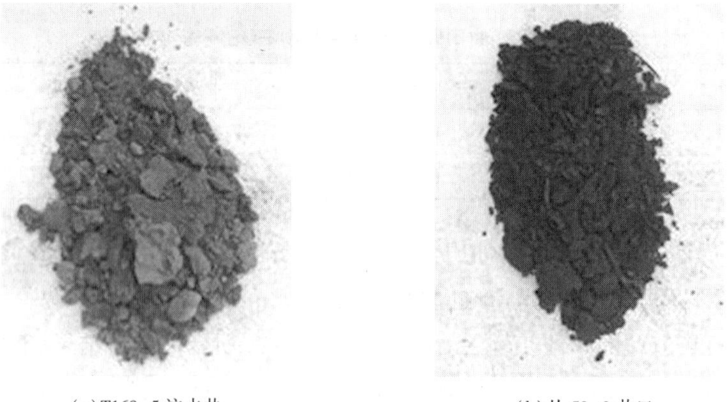

(a) T169-5 注水井　　(b) 丛 53-3 井口

图 1-26　油田配水间单井出水阀门内壁处腐蚀产物

分别对 T169-5 注水井和丛 53-3 井口的腐蚀产物进行 SEM 形貌观测，如图 1-27 所示。

(a)T169-5 注水井　　(b)丛 53-3 井口

图 1-27　油田配水间单井出水阀门内壁处腐蚀产物的 SEM 形貌

从图 1-27 中可以看出，T169-5 注水井的腐蚀产物表面呈现多种不规则的腐蚀形态，有较大的颗粒和较细小的颗粒填充在孔隙中，多孔洞，晶体外围有均匀小颗粒物质覆盖，出现了较大的凹陷和凸起，腐蚀产物较为疏松，易脱落；而丛 53-3 井口的腐蚀产物表面整体呈现均匀腐蚀状，没有较大的凸起和凹陷，结晶体也较小。综合分析，腐蚀产物致密程度由高到低的顺序：丛 53-3 井口、T169-5 注水井，也就是说丛 53-3 井口的腐蚀产物相对致密，腐蚀产物不易脱落。两种腐蚀产物表观形貌存在明显差异，可能与腐蚀介质、腐蚀条件及材质等有关。

分别对 T169-5 注水井和丛 53-3 井口的腐蚀产物进行能谱测试，如图 1-28 所示，分析结果如表 1-28 所示，腐蚀产物中主要元素为 O、Fe、C、Ca、S、Si 及 Mg。

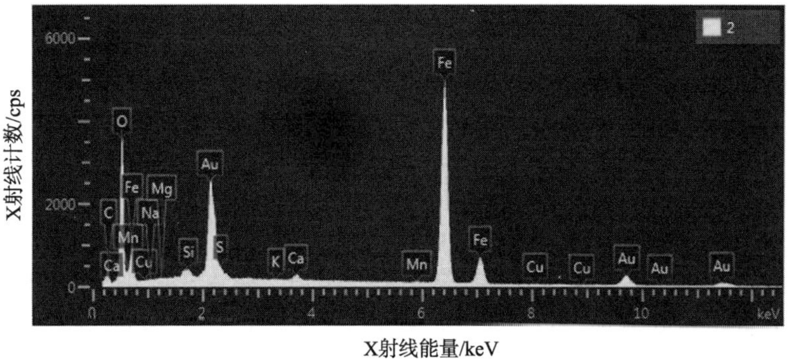


(a)T169-5 注水井

图 1-28　油田配水间单井出水阀门内壁处腐蚀产物的 EDS 图谱

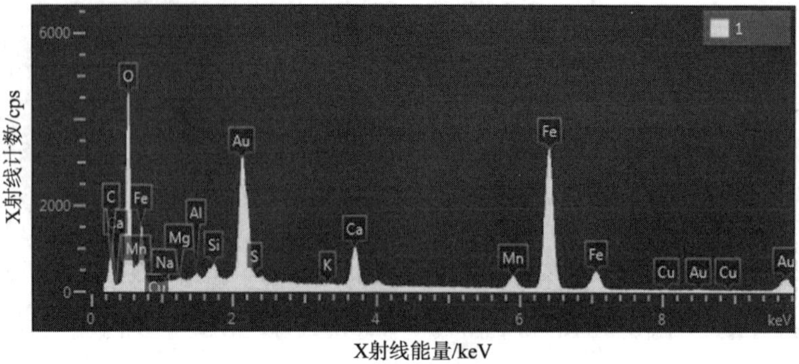


(b)从53-3井口

图1-28　油田配水间单井出水阀门内壁处腐蚀产物的EDS图谱(续)

表1-28　油田配水间单井出水阀门内壁处腐蚀产物EDS分析结果

| 元素 | T169-5注水井 | | 从53-3井口 | |
|---|---|---|---|---|
| | 质量分数/% | 原子分数/% | 质量分数/% | 原子分数/% |
| C | 2. 18 | 8. 41 | 3. 06 | 10. 62 |
| O | 10. 71 | 31. 04 | 15. 53 | 42. 29 |
| Si | 0. 35 | 0. 58 | 0. 82 | 1. 21 |
| Na | 0. 02 | 0. 05 | 0. 03 | 0. 06 |
| Mg | 0. 02 | 0. 04 | 0. 14 | 0. 24 |
| Al | 0. 00 | 0. 00 | 0. 33 | 0. 51 |
| S | 0. 83 | 1. 19 | 0. 46 | 0. 06 |
| K | 0. 03 | 0. 04 | 0. 11 | 0. 12 |
| Ca | 0. 60 | 0. 70 | 4. 57 | 4. 76 |
| Mn | 0. 28 | 0. 24 | 3. 26 | 2. 48 |
| Fe | 63. 36 | 52. 59 | 44. 25 | 33. 05 |
| Cu | 0. 09 | 0. 07 | 0. 15 | 0. 10 |

从表1-28可以看出，油田配水间单井出水阀门内壁处的腐蚀产物中O元素含量均较高，说明在高温高压条件下，溶解氧是造成腐蚀的主要因素。从53-3井口腐蚀产物中O元素和Ca元素含量相对T169-5注水井腐蚀产物均较高，而Fe元素却较低，可推测该条件下从53-3井口出水阀门内壁表面腐蚀和结垢的倾向都更为显著。

对油田配水间单井出水阀门内壁处的腐蚀产物XRD分析如图1-29所示。

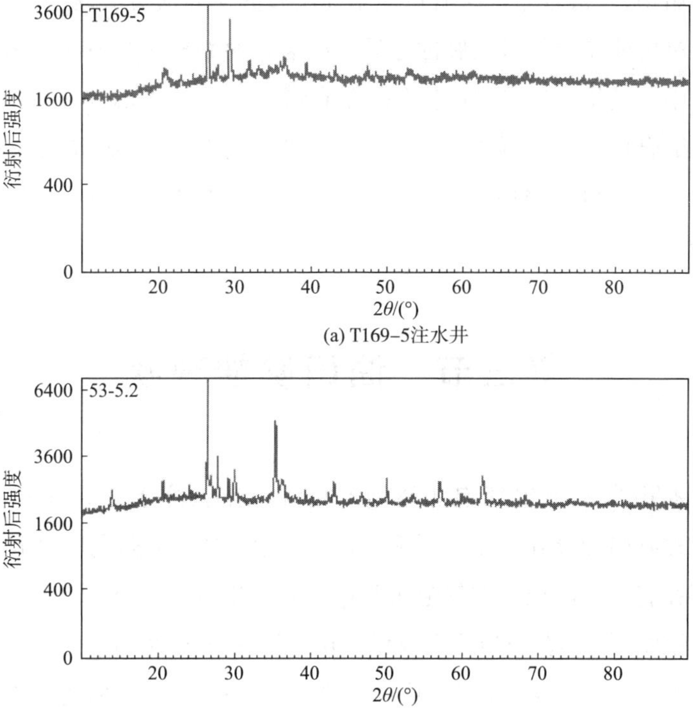


图 1-29　油田配水间单井出水阀门内壁处腐蚀产物 XRD 图谱

从图 1-29 中可以看出，T169-5 注水井处的腐蚀产物主要成分为 $CaCO_3$、FeO(OH)(羟基氧化铁)、$Fe_2O_3$、FeS、$SiO_2$。其中，$CaCO_3$主要可能是腐蚀介质结垢产物，也有可能是地层砂的主要成分，大量的 $Ca^{2+}$、$Mg^{2+}$、$HCO_3^-$和 $SO_4^{2-}$ 成垢离子，可能会形成 $CaCO_3$垢。$CaCO_3$、$SiO_2$有可能是地层砂的主要成分。$Al_2O_3$是地层砂土的主要成分，可能是管线内砂粒等杂质的残留物。$Fe_2O_3$可能是地层砂土的成分，更可能是钢管被氧腐蚀之后的产物。腐蚀产物中多以 FeO(OH)的结构存在，FeO(OH)主要是在有氧或其他氧化剂存在的环境中产生的，可以推断此腐蚀主要发生了吸氧腐蚀。产物中没有 $Fe_3O_4$，说明腐蚀是在高含氧环境中发生的。FeS 是腐蚀和硫酸盐还原菌繁殖后共同产生，前者产生 $Fe^{2+}$，后者产生 $S^{2-}$。最后，结合 XRD 产物分析及 EDS 元素分析，可以推断，T169-5 注水井处的腐蚀产物以 FeO(OH)、$Fe_2O_3$为主，$CaCO_3$、FeS、$SiO_2$含量相对较少。

从 53-3 井口处的腐蚀产物主要成分为 $CaCO_3$、$Fe_2O_3$、$Al_2O_3$、FeS、$SiO_2$、$MgFe_2O_4$。其中，$CaCO_3$主要可能是腐蚀介质结垢的产物，大量的 $Ca^{2+}$、$HCO_3^-$存

在会产生结垢物。$CaCO_3$、$SiO_2$有可能是地层砂的主要成分，$Fe_2O_3$可能是地层砂土的成分，更可能是钢管被氧腐蚀之后的产物。而 FeS 是腐蚀和硫酸盐还原菌繁殖后共同作用的结果。$MgFe_2O_4$主要是在有氧条件下管道腐蚀之后的 $Fe_3O_4$与水中的 Mg 相结合的产物。最后，结合 XRD 产物分析及 EDS 元素分析，可以推断，从 53-3 井口处的腐蚀产物以 $Fe_2O_3$、$CaCO_3$、$MgFe_2O_4$为主，其他产物含量则相对较少。

## 第三节 油田腐蚀现状

甘谷驿油田自实施空气泡沫驱增产措施以来，注水井管柱和套管腐蚀严重，个别管柱有腐蚀穿孔现象，严重影响采油生产的顺利进行，并且增加生产成本，同时存在着安全隐患。空气泡沫驱存在以下几种类型的腐蚀。

(1)氧腐蚀。氧具有强烈的去极化作用，即使含量为 1mg/L，也会对管路造成严重的腐蚀。一方面空气泡沫中溶解氧腐蚀管路；另一方面空气中溶解氧加速 $CO_2$ 等对金属的腐蚀作用。凡有空气、水(水汽)存在的场合均会发生这类腐蚀。

(2)细菌腐蚀。厌氧的硫酸盐还原菌在温度为 20~40℃，pH 值为 6~8 的条件下最易存活。该还原菌之所以能促进腐蚀，是因为在其存活过程中，需要氢或某些还原物质将硫酸盐还原成硫化物，所以当有硫酸盐还原菌活动时，铁表面的腐蚀产物是黑色的，并发出 $H_2S$ 的臭味。

(3)$CO_2$ 腐蚀。在干燥环境和较低的温度下，$CO_2$ 本身并不腐蚀金属，空气泡沫驱过程中发生的 $CO_2$ 腐蚀主要是因为 $CO_2$ 溶解于水中形成碳酸后引起的电化学腐蚀。

现场调研表明，空气泡沫驱造成的腐蚀比较严重的部位主要是管道阀门处、流量计处及注水管道的阀门等位置，部分管道已经出现腐蚀穿孔的现象。

腐蚀产物主要成分为 $CaCO_3$、FeO(OH)、$Fe_2O_3$、FeS、$SiO_2$。其中，$CaCO_3$ 主要可能是腐蚀介质结垢产物，也有可能是地层砂的主要成分，大量的 $Ca^{2+}$、$Mg^{2+}$、$HCO_3^-$和 $SO_4^{2-}$成垢离子，可能会形成 $CaCO_3$垢。$CaCO_3$、$SiO_2$有可能是地层砂的主要成分。$Al_2O_3$是地层砂土的主要成分，可能是管线内砂粒等杂质的残留物。$Fe_2O_3$可能是地层砂土的成分，更可能是钢管被氧腐蚀之后的产物。腐蚀产物中多以 FeO(OH)的结构存在，FeO(OH)主要是在有氧或其他氧化剂存在的环境中产生的，可以推断此腐蚀主要发生了吸氧腐蚀。产物中没有 $Fe_3O_4$，说明腐蚀是在高含氧环境中发生的。FeS 是腐蚀和硫酸盐还原菌繁殖后共同产生，前者产生 $Fe^{2+}$，后者产生 $S^{2-}$。腐蚀产物以 FeO(OH)、$Fe_2O_3$ 为主，$CaCO_3$、FeS、$SiO_2$ 含量相对较少。

# 第二章　注空气泡沫驱油过程中的管道腐蚀

通过对甘谷驿油田现场腐蚀调研可知，该油田管道腐蚀结垢较为严重。采取室内模拟实验和现场腐蚀挂片监测相结合的方式，达到对油田腐蚀现状及腐蚀机理的认识，为下一步采取防腐措施提供依据。

利用高温高压反应釜，针对空气泡沫驱油过程中的腐蚀问题，模拟现场试验条件，研究了空气注入参数(温度、压力、湿度、流速)、气液交替注入频率对腐蚀速率的影响，获得了注空气泡沫的相关腐蚀规律。

## 第一节　主要实验仪器设备和药品

### 一、主要实验仪器设备

主要实验设备为 GSH-1/10 型强磁力搅拌高压反应釜(威海汇鑫化工机械有限公司)；JD210-4P 型电子天平(沈阳龙腾电子有限公司，精度为 0.1mg)；YB5002B 型电子游标卡尺(卡夫威尔实业有限公司)；空气瓶；866A 型数显电热恒温鼓风干燥箱(上海浦东荣丰科学仪器有限公司)；2PB00C 型平流泵(北京卫星制造厂)(图 2-1)。

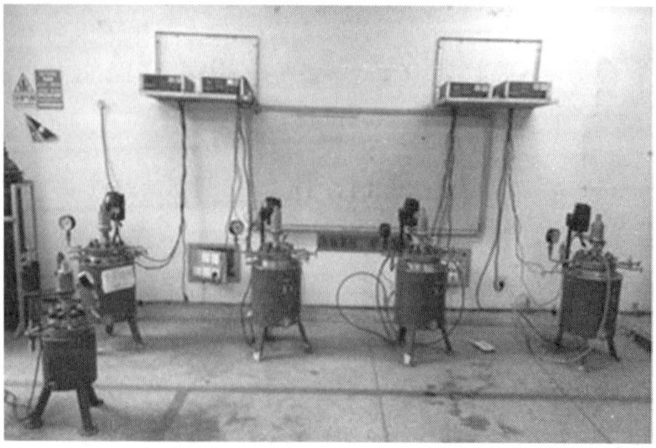

图 2-1　主要实验设备

## 二、主要实验药品

实验中所用的主要药品如表 2-1 所示。

表 2-1　主要实验药品

| 序号 | 药品名称 | 纯度 | 生产单位 |
|---|---|---|---|
| 1 | 石油醚(60~90℃) | 分析纯 | 成都市科龙化工试剂厂 |
| 2 | 丙酮 | 分析纯 | 成都市科龙化工试剂厂 |
| 3 | 无水乙醇 | 分析纯 | 成都市科龙化工试剂厂 |
| 4 | 氢氧化钠 | 分析纯 | 成都市科龙化工试剂厂 |
| 5 | 盐酸 | 分析纯 | 成都市科龙化工试剂厂 |
| 6 | 六亚甲基四胺 | 分析纯 | 成都市科龙化工试剂厂 |
| 7 | 环氧树脂 | 分析纯 | 南通星辰合成材料有限公司 |
| 8 | 邻苯二甲酸二甲酯 | 分析纯 | 成都市科龙化工试剂厂 |
| 9 | 乙二胺 | 分析纯 | 成都市科龙化工试剂厂 |

实验介质(腐蚀溶液)：泡沫体系(水：表面活性剂：稳定剂=1000：2：1)+空气，此处的水分别代表地表水和回注水。

实验周期：7d。

# 第二节　腐蚀失重实验

## 一、失重挂片的制备

挂片的加工及安装：通过切割加工打磨工艺，将从甘谷驿油田现场管道取回的部分管材加工成 30mm×15mm×3mm 的长方体试片若干，在试片上钻一个直径为 3mm 的小圆孔，在孔的下方打上可辨认的编号用于试片的安装。经过去油和去污的处理后，试片安装时用生胶带穿入小圆孔，系于事先做好的架子上，腐蚀挂片加工示意如图 2-2 所示。

失重法是模拟腐蚀最简单的方法，但也是最能反映真实腐蚀情况的方法，本实验使用的腐蚀评价装置示意如图 2-3 所示。

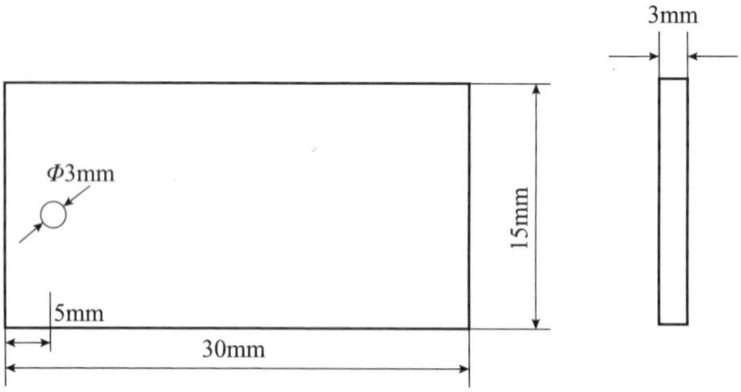


图 2-2　腐蚀挂片加工示意图

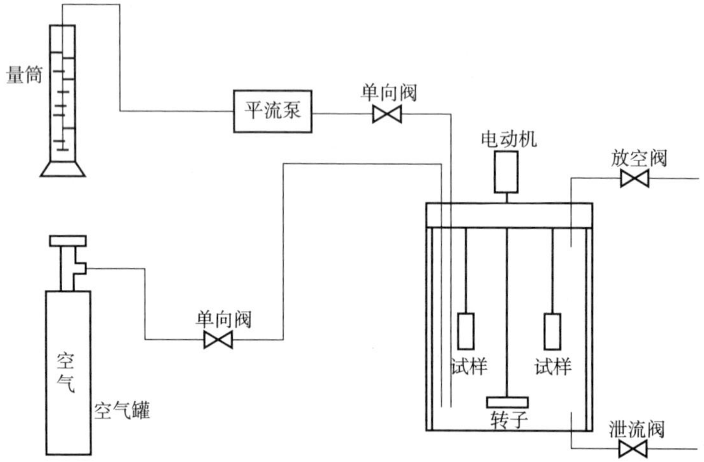


图 2-3　空气泡沫腐蚀实验装置示意图

## 二、实验步骤

(1)首先将试片用滤纸擦净，然后放入盛有沸程为 60~90℃的石油醚的器皿中，用脱脂棉除去试片表面油脂后，再放入无水乙醇中浸泡 5min，进一步脱脂和脱水。取出试片放在滤纸上，用冷风吹干后再用滤纸将试片包好，贮于干燥器中，放置 1h 后再测量尺寸和称量，精确至 0. 1mg，并按顺序进行数据记录。

(2)在实验要求的条件下，将钢片悬挂在腐蚀介质中进行腐蚀反应。悬挂试片时，试片不允许与容器壁接触，试片间距在 1cm 以上，试片上端距液面 3cm 以上。

(3)达到腐蚀实验时间后，取出试样并立即用自来水冲洗，然后放入盛有沸程为 60~90℃的石油醚的器皿中，用脱脂棉除去试片表面油脂后，再放入无水乙醇中浸泡 5min，进一步脱脂和脱水。将试片取出放至配制的酸清洗液中浸泡 5min，同时用镊子夹少量脱脂棉轻拭试片表面的腐蚀产物。从清洗液中取出试片，用自来水冲去表面残酸后，立即将试片浸入氢氧化钠溶液(浓度为 60g/L)中，30s 后再用自来水冲洗，然后放入无水乙醇中浸泡 5min，清洗脱水两次。取出试片放在滤纸上，用冷风吹干，然后用滤纸将试片包好，贮于干燥器中，放置 1h 后称量，精确至 0.1mg，并记下数据。

酸清洗液的配比如下：

盐酸(密度 1.19 $g/cm^3$，浓度 37%)：100mL；

六次甲基四胺：9g；

蒸馏水：加水稀释至 1000mL。

(4)根据钢片腐蚀前后质量差计算出年腐蚀速率，计算公式如下。

$$V_a = C \times \frac{W_0 - W}{\rho A t} \tag{2-1}$$

式中　$V_a$——年腐蚀速率，mm/a；

$C$——按一年 365 天计算的换算因子，值为 $8.76 \times 10^4$；

$W_0$——金属钢片腐蚀前质量，g；

$W$——金属钢片腐蚀后质量，g；

$\rho$——金属材料的密度，$g/cm^3$，本实验取值为 7.49$g/cm^3$；

$A$——金属钢片的总表面积，$cm^2$；

$t$——腐蚀反应时间，h。

(5)描述实验现象，分析实验数据。

## 三、油田腐蚀介质室内腐蚀模拟实验

### 1. 地表水配制泡沫液的腐蚀模拟实验

1)注入空气压力对腐蚀速率的影响

空气泡沫腐蚀实验过程：量取 800mL 事先配好的泡沫液，倒入反应釜内，挂入挂片，盖上釜盖。模拟现场注入工艺技术，控制温度为 25℃，转速设置为 500r/min，交替频率为 4 次。缓慢地注入空气，待压力达到预设压力后，关闭所有阀门。最后，待温度、压力及转速达到设定值后，记录实验开始时间。待达到实验周期，泄压后打开反应釜，取出挂片，观察、记录表面腐蚀状态及腐蚀产物黏附情况后，立即用清水冲洗掉实验介质，并用滤纸擦干，最后再根据标准进行挂片清洗并称重。试片腐蚀后形貌如图 2-4 所示。

清洗前：正面(左)、反面(右)　　清洗后：正面(左)、反面(右)

(a)4MPa

清洗前：正面(左)、反面(右)　　清洗后：正面(左)、反面(右)

(b)8MPa

清洗前：正面(左)、反面(右)　　清洗后：正面(左)、反面(右)

(c)10MPa

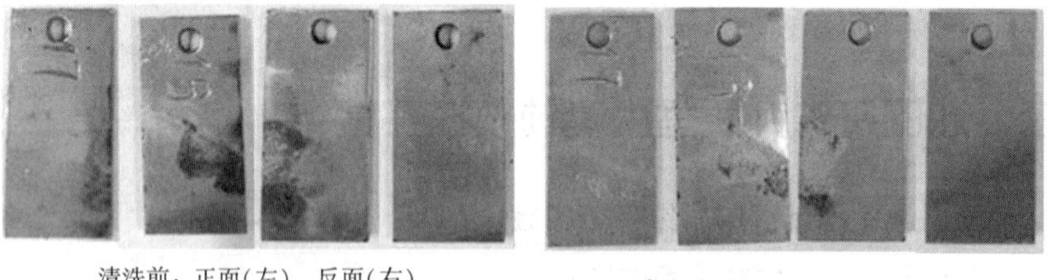

清洗前：正面(左)、反面(右)　　清洗后：正面(左)、反面(右)

(d)12MPa

图 2-4　试片在不同注入空气压力下的腐蚀后形貌

结果表明：腐蚀后的试片上面有少量红色锈，观察清洗之后的试片发现，试片表面存在一些均匀腐蚀和点腐蚀。而腐蚀后的水样呈现些许混浊，随空气注入压力逐渐增加，水体颜色由无色变为淡黄色，腐蚀前后水体表观如图 2-5 所示。腐蚀实验数据如表 2-2 所示。

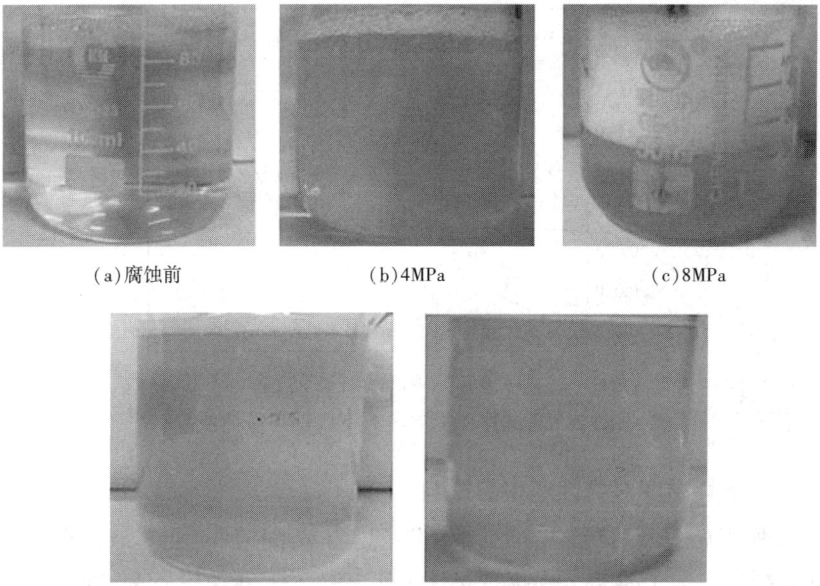

(a)腐蚀前　(b)4MPa　(c)8MPa

(d)10MPa　(e)12MPa

图 2-5　试片在不同注入空气压力下腐蚀前后水体表观图

**表 2-2　试片在不同注入空气压力下的腐蚀实验数据**

| 时间 | 压力/MPa | 试片编号 | 尺寸(长×宽×高)/(mm×mm×mm) | $A/cm^2$ | $W_0/g$ | $W/g$ | $V_a/(mm/a)$ | $\overline{V}_a/(mm/a)$ |
|---|---|---|---|---|---|---|---|---|
| 2015. 3. 30~4. 6(21：15) | 4 | 8# | 30. 16×14. 83×3. 00 | 11. 5035 | 10. 1068 | 10. 1032 | 0. 0218 | 0. 0167 |
| | | 10# | 30. 05×14. 80×3. 00 | 11. 4444 | 10. 0712 | 10. 0693 | 0. 0116 | |
| 2015. 4. 3~4. 10(19：20) | 8 | 14# | 30. 00×14. 75×2. 99 | 11. 3847 | 9. 9619 | 9. 9573 | 0. 0281 | 0. 0277 |
| | | 15# | 30. 19×14. 81×3. 00 | 11. 5009 | 10. 0161 | 10. 0116 | 0. 0272 | |
| 2015. 4. 1~4. 8(18：10) | 10 | 11# | 30. 27×14. 86×3. 01 | 11. 5717 | 10. 1999 | 10. 1949 | 0. 0301 | 0. 0296 |
| | | 12# | 30. 08×14. 90×3. 00 | 11. 5213 | 9. 9522 | 9. 9474 | 0. 0290 | |
| 2015. 4. 3~4. 10(20：30) | 12 | 16# | 30. 19×14. 87×3. 00 | 11. 5407 | 10. 0995 | 10. 0921 | 0. 0446 | 0. 0503 |
| | | 17# | 30. 25×14. 90×2. 99 | 11. 5731 | 10. 1390 | 10. 1297 | 0. 0559 | |

由表 2-2 中的实验数据及图 2-6 可知，随注入空气压力增加，试片腐蚀速率增加；压力增加为原来 3 倍时，试片的腐蚀速率增加为原来的 3 倍左右。可见空气压力对腐蚀的影响较大，高压可以加速腐蚀，这与腐蚀介质中氧分压的增大有关。

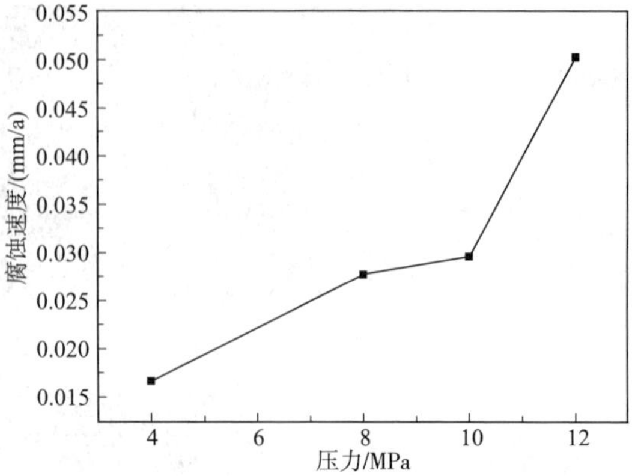


图 2-6　试片在不同压力下腐蚀速率曲线

2)注入空气温度对腐蚀速率的影响

空气泡沫腐蚀实验过程：量取 800mL 事先配好的泡沫液，倒入反应釜内，挂入挂片，盖上釜盖。模拟现场注入工艺技术，转速设置为 500r/min，交替频率为 4 次。缓慢地注入空气，待压力达到 12MPa 后，关闭所有阀门。最后，待温度、压力及转速达到设定值后，记录实验开始时间。待达到实验周期，泄压后打开反应釜，取出挂片，观察、记录表面腐蚀状态及腐蚀产物黏附情况后，立即用清水冲洗掉实验介质，并用滤纸擦干，最后再根据标准进行挂片清洗并称重。试片腐蚀后形貌如图 2-7 所示。

清洗前：正面(左)、反面(右)　　清洗后：正面(左)、反面(右)

(a)20℃

清洗前：正面(左)、反面(右)　　清洗后：正面(左)、反面(右)

(b)25℃

图 2-7　试片在不同注入空气温度下的腐蚀后形貌

清洗前：正面(左)、反面(右)　　清洗后：正面(左)、反面(右)

(c)35℃

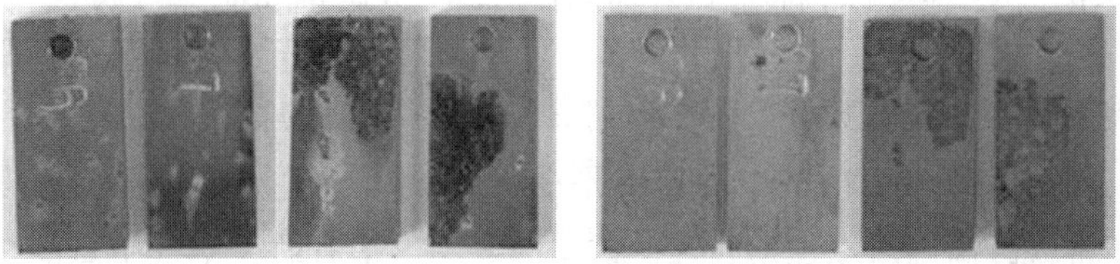

清洗前：正面(左)、反面(右)　　清洗后：正面(左)、反面(右)

(d)50℃

图 2-7　试片在不同注入空气温度下的腐蚀后形貌(续)

结果表明：腐蚀后的试片上面有大量红色锈，尤其是 50℃时，试片背面出现大片的红色腐蚀产物。观察清洗之后的试片发现，试片表面存在一些均匀腐蚀和点腐蚀，说明注入空气温度为 50℃时，试片被严重腐蚀。而腐蚀后的水样呈现些许混浊，且有一些红色沉淀，随空气注入温度逐渐增加，水体颜色逐渐加深，由无色变为微黄色甚至是棕黄色，腐蚀前后水体表观如图 2-8 所示，腐蚀实验数据如表 2-3 所示。

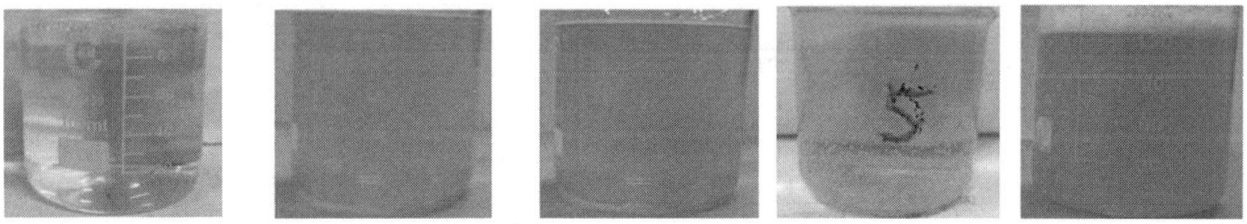

(a)腐蚀前　(b)20℃　(c)25℃　(d)35℃　(e)50℃

图 2-8　试片在不同注入空气温度下腐蚀前后水体表观图

**表 2-3　试片在不同注入空气温度下的腐蚀实验数据**

| 时间 | 温度/℃ | 试片编号 | 尺寸(长×宽×高)/(mm×mm×mm) | $A/cm^2$ | $W_0/g$ | $W/g$ | $V_a/(mm/a)$ | $\overline{V}_a/(mm/a)$ |
|---|---|---|---|---|---|---|---|---|
| 2015. 4. 12～4. 19(15：40) | 20 | 20# | 30. 10×14. 82×3. 00 | 11. 4755 | 10. 0533 | 10. 0449 | 0. 0510 | 0. 0461 |
| | | 21# | 30. 28×14. 89×3. 12 | 11. 6946 | 10. 1022 | 10. 0953 | 0. 0411 | |
| 2015. 4. 3～4. 10(20：30) | 25 | 16# | 30. 19×14. 87×3. 00 | 11. 5407 | 10. 0995 | 10. 0921 | 0. 0446 | 0. 0503 |
| | | 17# | 30. 25×14. 90×2. 99 | 11. 5731 | 10. 1390 | 10. 1297 | 0. 0559 | |

续表

| 时间 | 温度/℃ | 试片编号 | 尺寸(长×宽×高)/(mm×mm×mm) | $A/cm^2$ | $W_0/g$ | $W/g$ | $V_a/(mm/a)$ | $\overline{V}_a/(mm/a)$ |
|---|---|---|---|---|---|---|---|---|
| 2015.4.12~4.19(16:10) | 35 | 22# | 29.88×14.82×2.97 | 11.3702 | 9.8112 | 9.7892 | 0.1347 | 0.1366 |
| | | 23# | 30.31×14.83×3.01 | 11.5660 | 10.0192 | 9.9962 | 0.1384 | |
| 2015.4.14~4.21(15:50) | 50 | 26# | 29.90×14.80×2.98 | 11.3731 | 9.9359 | 9.8744 | 0.3765 | 0.3652 |
| | | 27# | 30.19×14.84×2.99 | 11.5118 | 10.0068 | 9.9483 | 0.3538 | |

由表2-3中的实验数据及图2-9可知，随注入空气温度的增加，试片腐蚀速率增加，而温度为50℃时的腐蚀速率是20℃时的8倍左右。可见，温度对腐蚀的影响非常大，高温可以加速腐蚀，这是因为温度上升时，空气中氧的扩散速率加快，从而使得腐蚀速率加快。

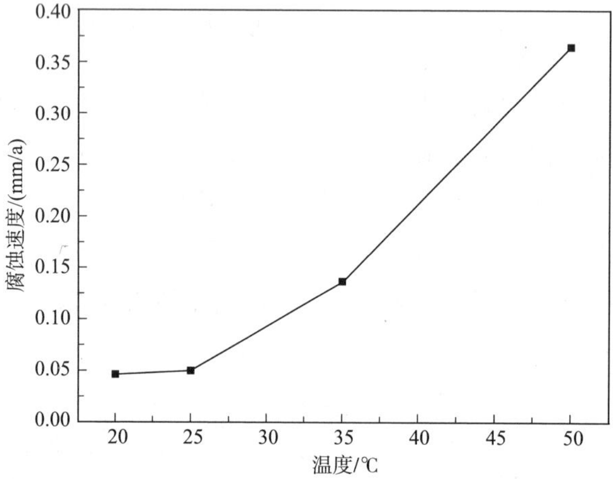


图2-9　试片在不同温度下腐蚀速率曲线

3)空气/泡沫液交替注入频率对腐蚀速率的影响

空气泡沫腐蚀实验过程：量取800mL事先配好的泡沫液，倒入反应釜内，挂入挂片，盖上釜盖。模拟现场注入工艺技术，温度为25℃，转速设置为500r/min，关闭所有阀门。分别考察交替频率为1次、2次、4次、6次时的腐蚀情况。最后，待温度、转速达到设定值后，记录实验开始时间。待达到实验周期，泄压后打开反应釜，取出挂片，观察、记录表面腐蚀状态及腐蚀产物黏附情况后，立即用清水冲洗掉实验介质，并用滤纸擦干，最后再根据标准进行挂片清洗并称重。试片腐蚀后形貌如图2-10所示。

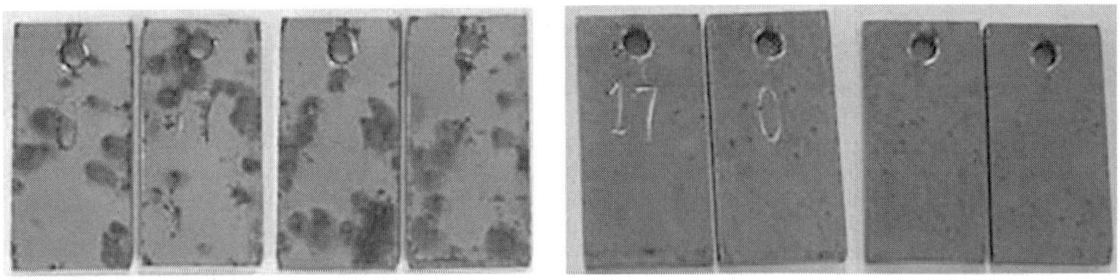

清洗前：正面(左)、反面(右)　　　　清洗后：正面(左)、反面(右)

(a)交替1次

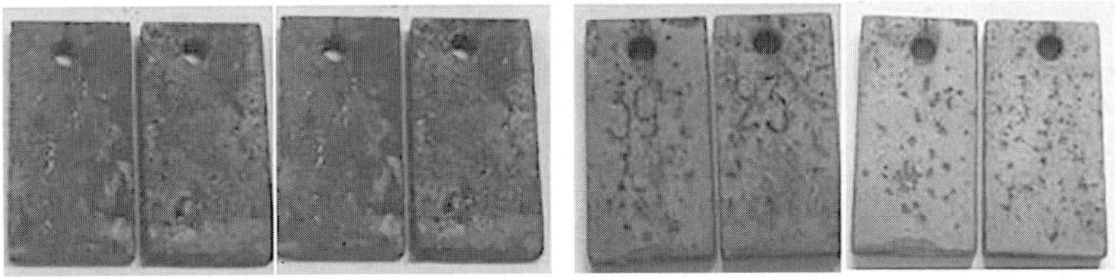

清洗前：正面(左)、反面(右)　　　　清洗后：正面(左)、反面(右)

(b)交替2次

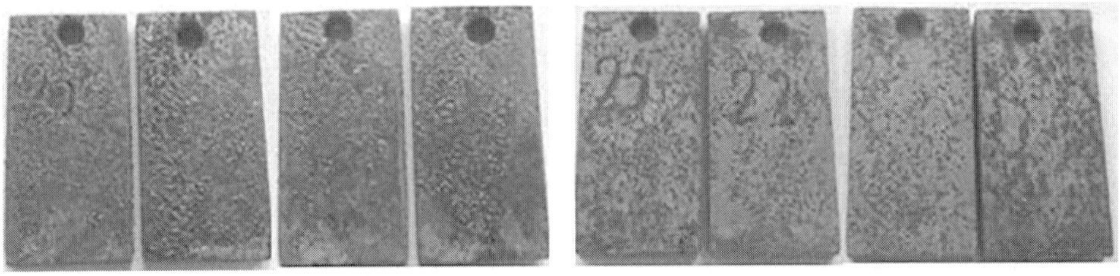

清洗前：正面(左)、反面(右)　　　　清洗后：正面(左)、反面(右)

(c)交替4次

清洗前：正面(左)、反面(右)　　　　清洗后：正面(左)、反面(右)

(d)交替6次

图2-10　试片在不同空气/泡沫液交替注入频率下的腐蚀后形貌

表 2-4 试片在不同空气/泡沫液交替注入频率下的腐蚀实验数据

| 时间 | 频率 | 试片编号 | 尺寸(长×宽×高)/(mm×mm×mm) | $A/cm^2$ | $W_0/g$ | $W/g$ | $V_a/(mm/a)$ | $\bar{V}_a/(mm/a)$ |
|---|---|---|---|---|---|---|---|---|
| 2015.4.19~4.26(17:25) | 1 | 0# | 29.82×14.95×2.99 | 11.4521 | 9.9990 | 9.9654 | 0.2043 | 0.2050 |
| | | 17# | 29.82×15.00×2.98 | 11.4759 | 10.0040 | 9.9701 | 0.2057 | |
| 2015.4.19~4.26(22:30) | 2 | 23# | 29.88×15.01×2.99 | 11.5130 | 10.0196 | 9.8399 | 1.0866 | 1.0839 |
| | | 39# | 29.84×15.00×2.97 | 11.4741 | 10.0395 | 9.8613 | 1.0812 | |
| 2015.4.21~4.28(20:30) | 4 | 22# | 29.97×15.00×2.98 | 11.5298 | 10.0222 | 9.8272 | 1.1774 | 1.1323 |
| | | 25# | 29.72×14.91×2.97 | 11.3722 | 9.8414 | 9.6638 | 1.0872 | |
| 2015.4.26~5.3(19:30) | 6 | 5# | 29.65×14.98×2.96 | 11.3839 | 9.8834 | 9.6446 | 1.4604 | 1.3891 |
| | | 7# | 29.65×15.00×2.97 | 11.4059 | 10.0206 | 9.8047 | 1.3178 | |

由表 2-4 中的实验数据及图 2-11 可知，在相同的注入周期内，交替频率由 1 次增大到 6 次时，腐蚀速率增大了 6 倍以上，说明泡沫液与空气交替注入次数越多，腐蚀速率越高。可见引起腐蚀的主要原因是频繁交替注入使得水与氧气共存。

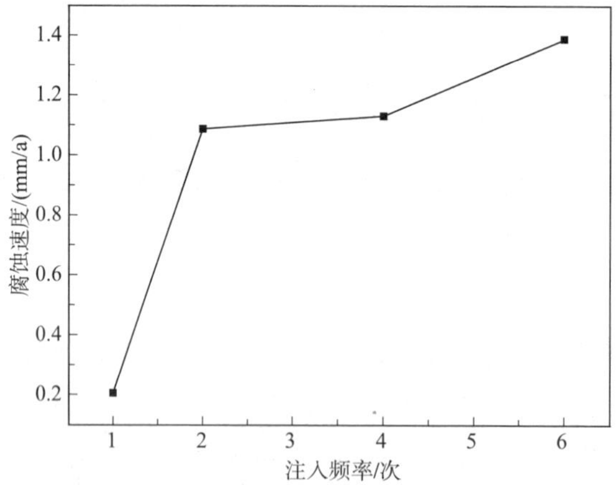


图 2-11 试片在不同空气/泡沫液交替注入频率下的腐蚀速率曲线

4)注入流速对腐蚀速率的影响

空气泡沫腐蚀实验过程：量取 800mL 事先配好的泡沫液，倒入反应釜内，挂入挂片，盖上釜盖。模拟现场注入工艺技术，温度设置为 25℃，交替频率为 4 次。缓慢地注入空气，待压力达到 12MPa 后，关闭所有阀门。另外，使用微型泵+流量计+调速器使得溶液在反应釜中循环，其中管内径为 8mm，如图 2-12 所示。最后，待温度、压力及流速达到设定值后，记录实验开始时间。待达到实验周期，泄压后打开反应釜，取出挂片，观察、记录表面腐蚀状态及腐蚀产物黏附情况后，立即用清水冲洗掉实验介质，并用滤纸擦干，最后再根据标准进行挂片清洗并称重。试片腐蚀后形貌如图 2-13 所示。

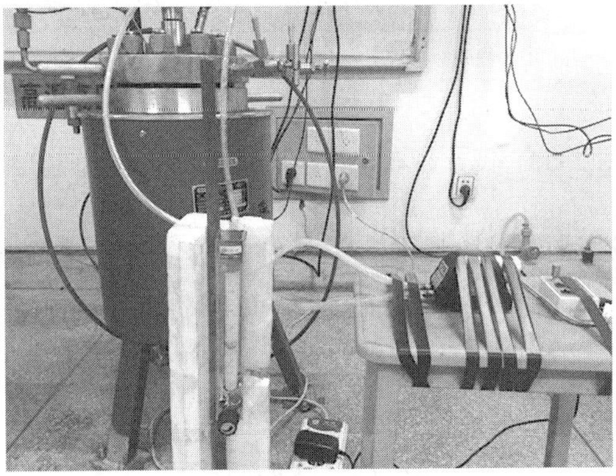

图 2-12　溶液在反应釜中循环装置图

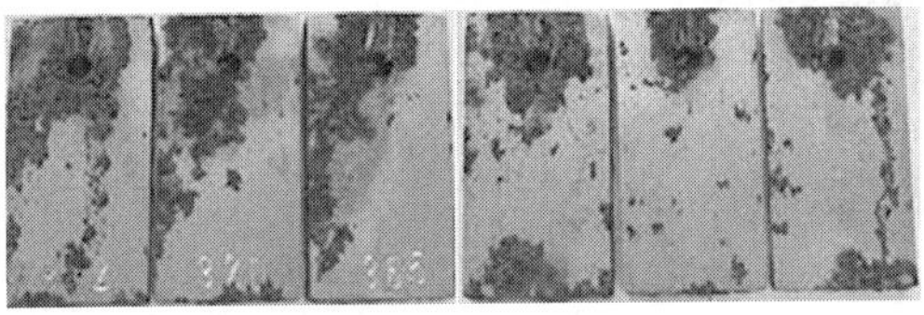

清洗前：正面(左)、反面(右)

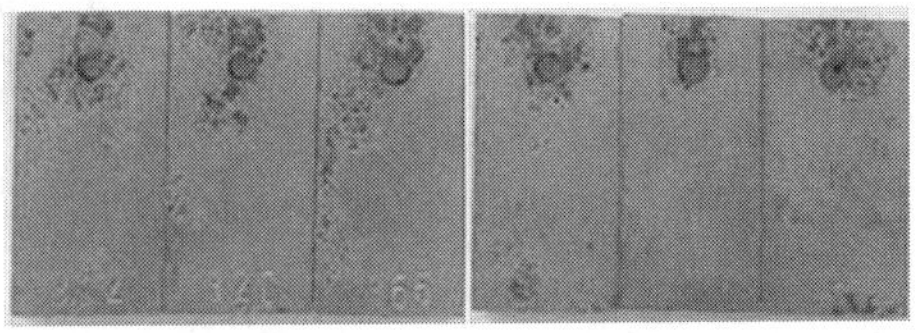

清洗后：正面(左)、反面(右)

(a)0.07m/s

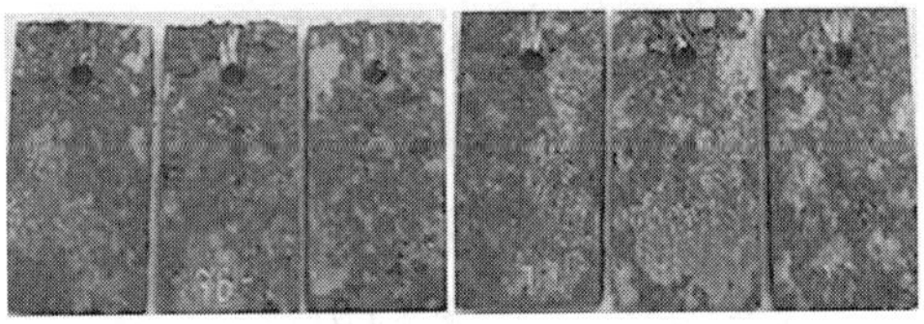

清洗前：正面(左)、反面(右)

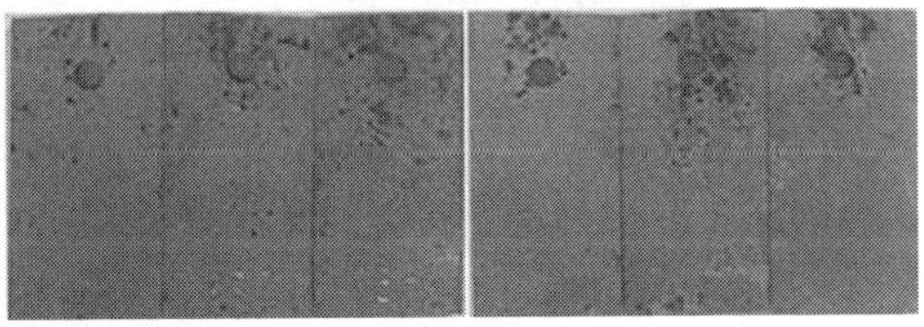

清洗后：正面(左)、反面(右)

(b)0.14m/s

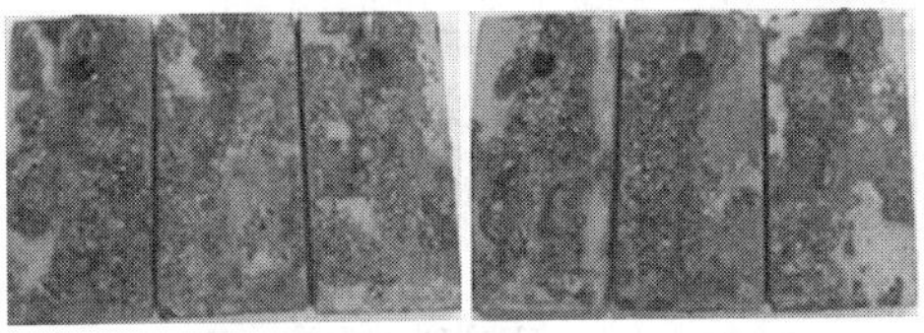

清洗前：正面(左)、反面(右)

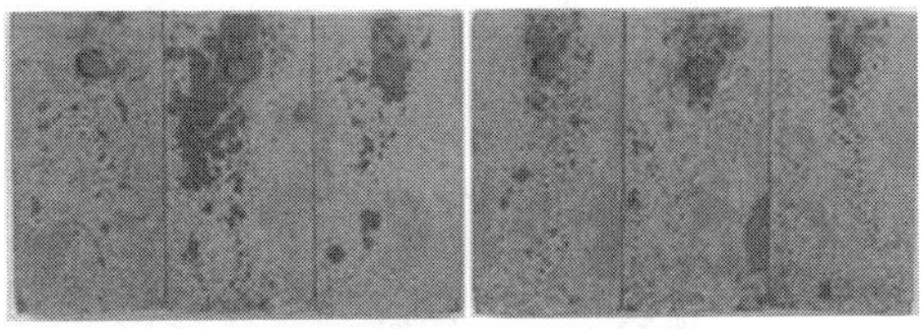

清洗后：正面(左)、反面(右)

(c)0.21m/s

图 2-13　试片在不同注入流速下的腐蚀后形貌

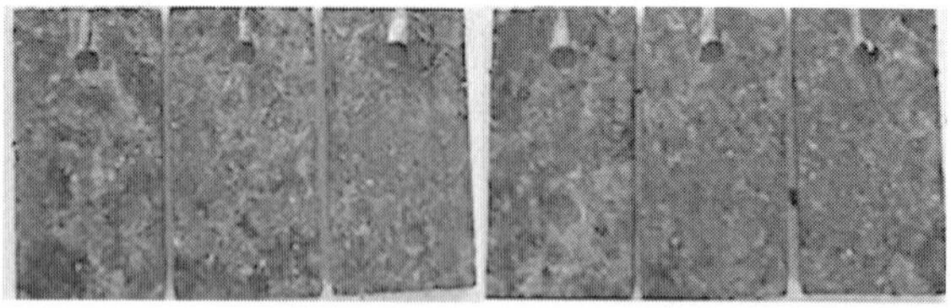

清洗前：正面(左)、反面(右)

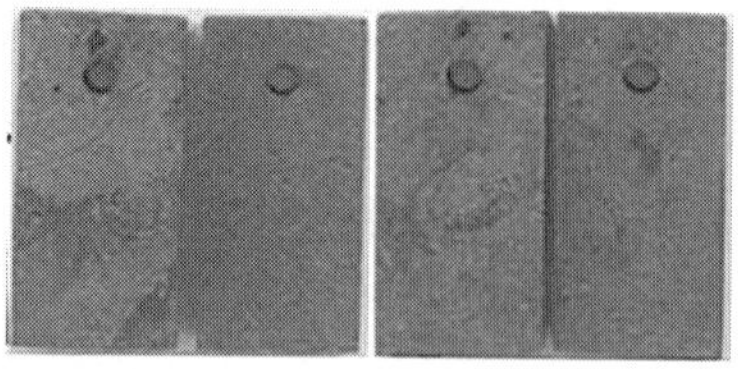

清洗后：正面(左)、反面(右)

(d)0.35m/s

图 2-13　试片在不同注入流速下的腐蚀后形貌(续)

结果表明：腐蚀后的试片上面有大量红色锈。观察清洗之后的试片发现，试片表面存在严重的均匀腐蚀和点腐蚀。而腐蚀后的水样呈现些许混浊，且0.35m/s注入流速下的腐蚀后有一些红色沉淀。随注入流速逐渐增加，水体颜色呈现些许不同。腐蚀前后水体表观如图 2-14 所示，腐蚀实验数据如表 2-5 所示。

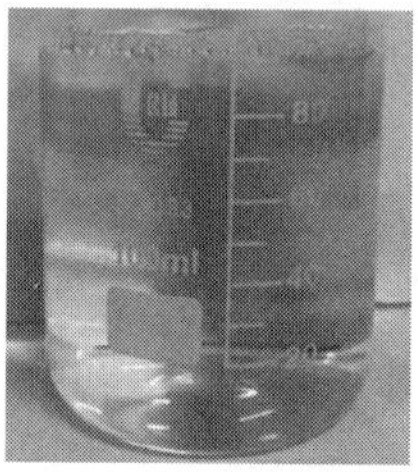

(a)腐蚀前

交替 1 次　　交替 2 次　　交替 3 次　　交替 4 次

(b)0.07m/s

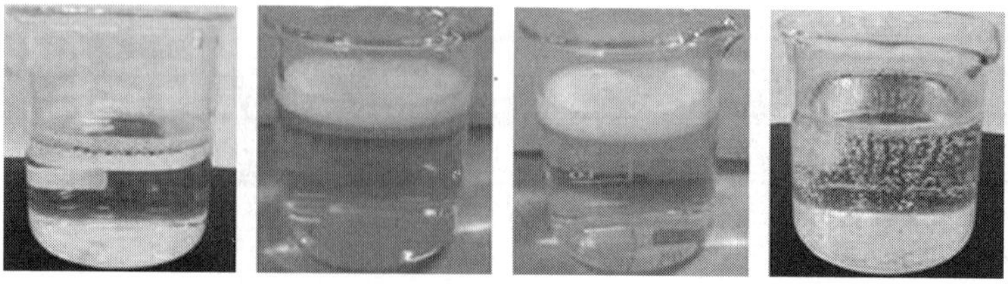

交替 1 次　　交替 2 次　　交替 3 次　　交替 4 次

(c)0.14m/s

图 2-14　试片在不同注入流速下腐蚀前后水体表观图

交替 1 次　　交替 2 次　　交替 3 次　　交替 4 次

(d)0. 21m/s

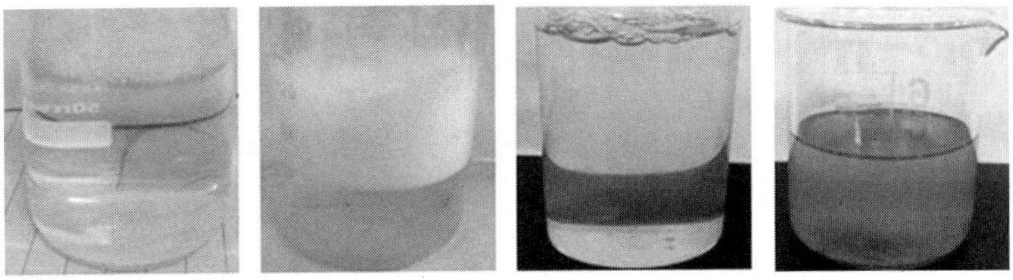

交替 1 次　　交替 2 次　　交替 3 次　　交替 4 次

(e)0. 35m/s

图 2-14　试片在不同注入流速下腐蚀前后水体表观图(续)

**表 2-5　试片在不同注入流速下的腐蚀实验数据**

| 时间 | 流速/(m/s) | 试片编号 | 尺寸(长×宽×高)/(mm×mm×mm) | $A$/cm$^2$ | $W_0$/g | $W$/g | $V_a$/(mm/a) | $\overline{V}_a$/(mm/a) |
|---|---|---|---|---|---|---|---|---|
| 2015. 7. 31~8. 7(22：25) | 0. 07 | 320# | 30. 14×15. 13×3. 09 | 11. 7768 | 10. 5783 | 10. 5224 | 0. 3305 | 0. 4290 |
| | | 302# | 30. 19×15. 12×3. 09 | 11. 7883 | 10. 6065 | 10. 5245 | 0. 4843 | |
| | | 365# | 30. 13×15. 10×3. 13 | 11. 7894 | 10. 7654 | 10. 6854 | 0. 4724 | |
| 2015. 8. 14~8. 21(22：30) | 0. 14 | 392# | 30. 14×15. 14×3. 08 | 11. 7743 | 10. 6321 | 10. 5158 | 0. 6876 | 0. 6523 |
| | | 368# | 30. 14×15. 15×3. 09 | 11. 7900 | 10. 7565 | 10. 6475 | 0. 6436 | |
| | | 317# | 30. 15×15. 14×3. 10 | 11. 7961 | 10. 6664 | 10. 5604 | 0. 6256 | |
| 2015. 7. 31~8. 7(12：05) | 0. 21 | 325# | 30. 16×15. 10×3. 10 | 11. 7731 | 10. 6140 | 10. 4499 | 0. 9704 | 0. 9720 |
| | | 315# | 30. 13×15. 13×3. 10 | 11. 7822 | 10. 7859 | 10. 6219 | 0. 9690 | |
| | | 318# | 30. 15×15. 18×3. 15 | 11. 8136 | 10. 7289 | 10. 5632 | 0. 9765 | |
| 2015. 8. 8~8. 15(12：25) | 0. 35 | 348# | 30. 14×15. 14×3. 10 | 11. 7925 | 10. 7127 | 10. 4575 | 1. 5066 | 1. 4513 |
| | | 332# | 30. 11×15. 14×3. 08 | 11. 7634 | 10. 4995 | 10. 2636 | 1. 3961 | |
| | | 384# | 30. 15×15. 15×3. 08 | 11. 7846 | 10. 6175 | — | — | |

由表 2-5 中的实验数据及图 2-15 可知，在相同的注入周期内，随注入流速不断增加，腐蚀速率增加。而注入流速由 0.07m/s 增加到 0.35m/s 时，腐蚀速率增加至原来的 3.3 倍以上，说明注入流速越大，腐蚀速率越高。可见注入流速增加可加速钢材腐蚀。

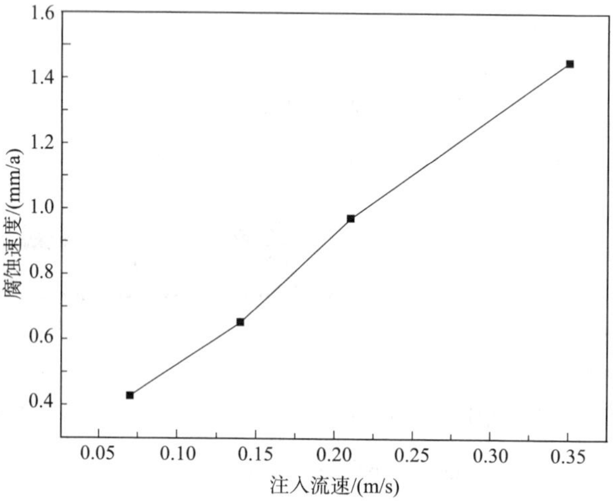


图 2-15　试片在不同注入流速下的腐蚀速率曲线

5）注入空气湿度对腐蚀速率的影响

空气泡沫腐蚀实验过程：量取 800mL 事先配好的泡沫液，倒入反应釜内，挂入挂片，盖上釜盖。模拟现场注入工艺技术，温度设置为 25℃，交替频率为 4 次。缓慢地注入空气，待压力达到 12MPa 后，关闭所有阀门。另外，延安地区一年中空气的湿度变化如图 2-16 所示。因此，分别使用过饱和的 $K_2CO_3$ 溶液、NaBr 溶液、KI 溶液、NaCl 溶液及 $K_2SO_4$ 溶液来控制空气湿度为 43%、57%、68%、75%、100%。最后，待温度、压力及转速达到设定值后，记录实验开始时间。待达到实验周期，泄压后打开反应釜，取出挂片，观察、记录表面腐蚀状态及腐蚀产物黏附情况后，立即用清水冲洗掉实验介质，并用滤纸擦干，最后再根据标准进行挂片清洗并称重。试片腐蚀后形貌如图 2-17 所示。

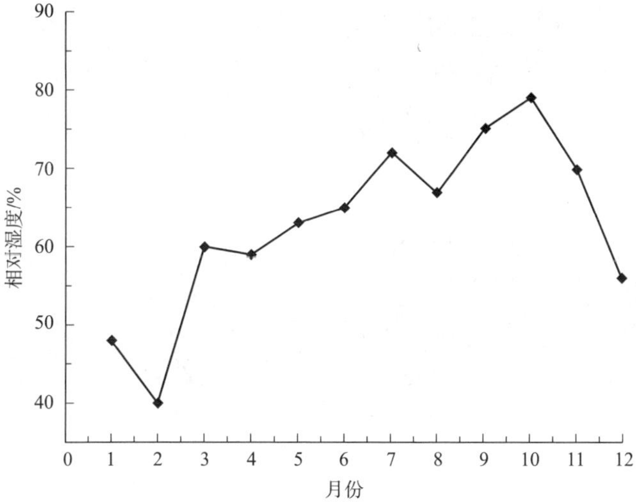


图 2-16　延安市 12 个月平均相对湿度图

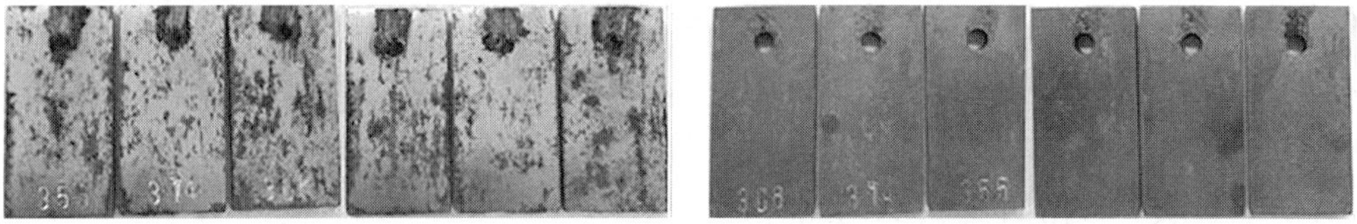

清洗前：正面（左）、反面（右）　　清洗后：正面（左）、反面（右）

（a）43%

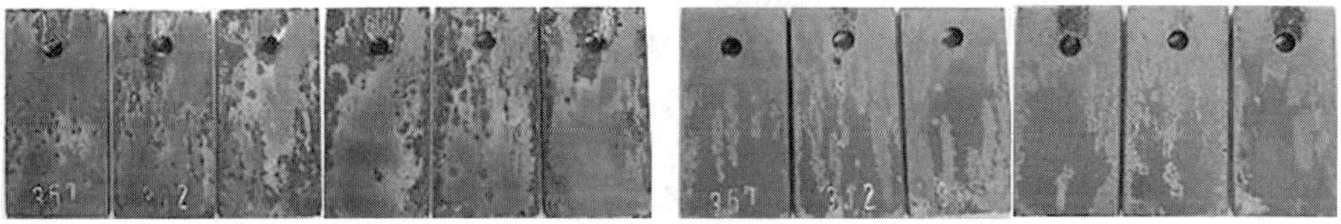

清洗前：正面（左）、反面（右）　　清洗后：正面（左）、反面（右）

（b）57%

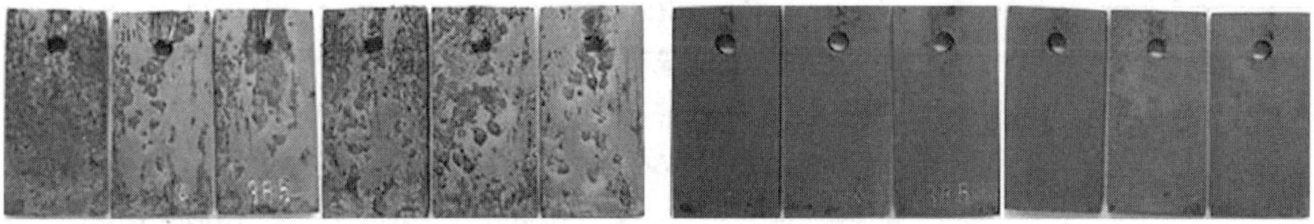

清洗前：正面（左）、反面（右）　　清洗后：正面（左）、反面（右）

（c）68%

图 2-17　试片在不同注入空气湿度下的腐蚀后形貌

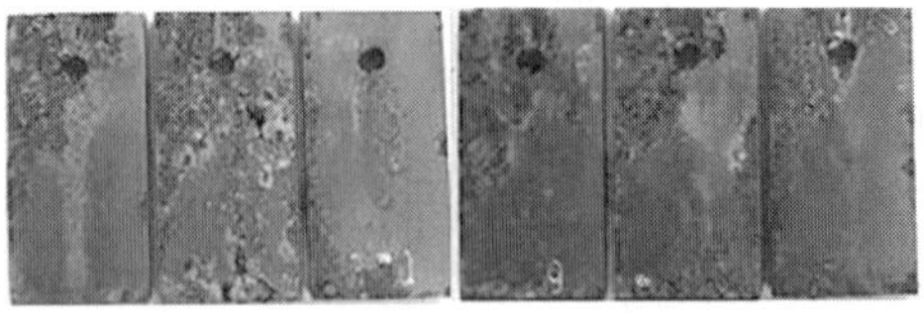

清洗前：正面(左)、反面(右)

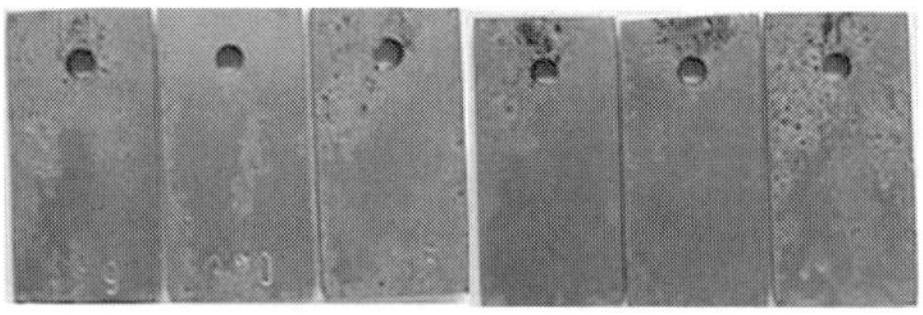

清洗后：正面(左)、反面(右)

(d)75%

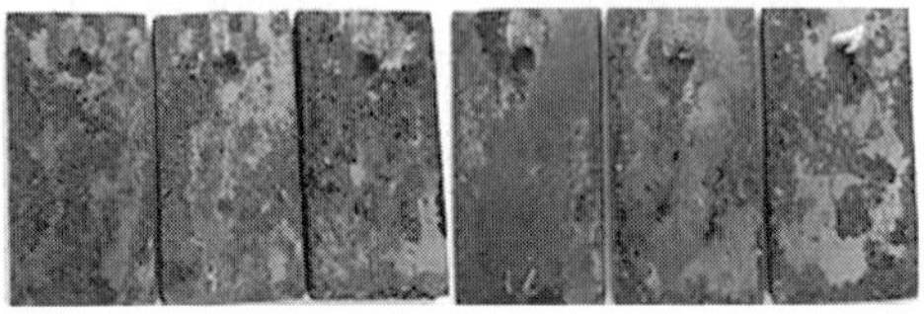

清洗前：正面(左)、反面(右)

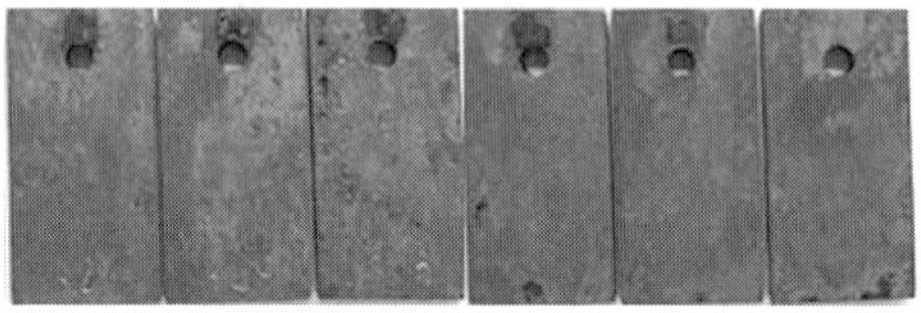

清洗后：正面(左)、反面(右)

(e)100%

图 2-17　试片在不同注入空气湿度下的腐蚀后形貌(续)

结果表明：随空气湿度增大，腐蚀后的试片红色锈越来越多，腐蚀也越来越严重。观察清洗之后的试片发现，试片表面存在严重的均匀腐蚀和点腐蚀。而腐蚀后的水样呈现些许混浊，交替次数越大，红色沉淀逐渐出现并越来越多，随空气注入湿度逐渐增加，水体颜色呈现些许不同。腐蚀前后水体表观如图 2-18 所示，腐蚀实验数据如表 2-6 所示。

(a)腐蚀前

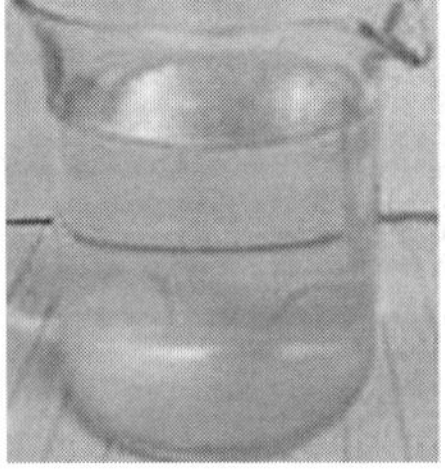

交替 1 次

交替 2 次

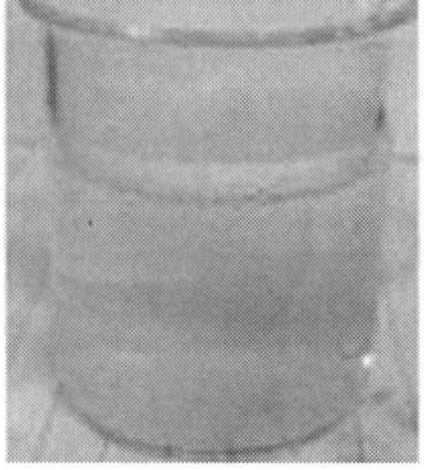

交替 3 次

交替 4 次

(b)43%

图 2-18　试片在不同注入空气湿度下腐蚀前后水体表观图

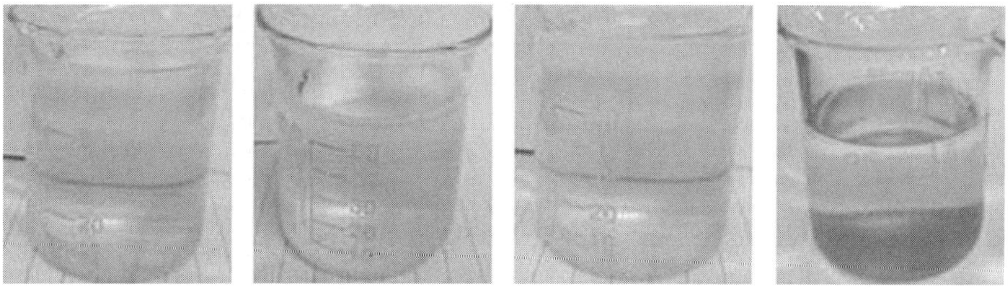

交替 1 次　　交替 2 次　　交替 3 次　　交替 4 次

(c)57%

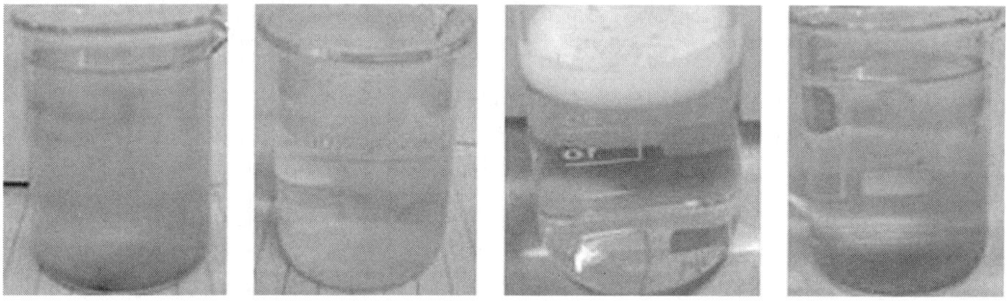

交替 1 次　　交替 2 次　　交替 3 次　　交替 4 次

(d)68%

交替 1 次　　交替 2 次　　交替 3 次　　交替 4 次

(e)75%

交替 1 次　　交替 2 次　　交替 3 次　　交替 4 次

(f)100%

图 2-18　试片在不同注入空气湿度下腐蚀前后水体表观图(续)

表 2-6 试片在不同注入空气湿度下的腐蚀实验数据

| 时间 | 湿度/% | 试片编号 | 尺寸(长×宽×高)/(mm×mm×mm) | $A/cm^2$ | $W_0/g$ | $W/g$ | $V_a/(mm/a)$ | $\bar{V}_a/(mm/a)$ |
|---|---|---|---|---|---|---|---|---|
| 2015.9.7~9.14(12：50) | 43 | 355# | 30.14×15.14×3.09 | 11.7834 | 10.6772 | 10.6467 | 0.1802 | 0.1899 |
| | | 308# | 30.13×15.16×3.14 | 11.8383 | 10.8306 | 10.7979 | 0.1923 | |
| | | 374# | 30.15×15.14×3.10 | 11.7961 | 10.6931 | 10.6597 | 0.1971 | |
| 2015.9.14~9.21(22：25) | 57 | 369# | 30.12×15.11×3.08 | 11.7471 | 10.7106 | 10.6765 | 0.2021 | 0.2108 |
| | | 312# | 30.12×15.15×3.11 | 11.8009 | 10.6980 | 10.6594 | 0.2277 | |
| | | 367# | 30.11×15.20×3.06 | 11.7851 | 10.6556 | 10.6213 | 0.2026 | |
| 2015.9.7~9.14(22：30) | 68 | 394# | 30.15×15.14×3.08 | 11.7780 | 10.5812 | 10.5445 | 0.2169 | 0.2291 |
| | | 314# | 30.14×15.13×3.09 | 11.7768 | 10.6432 | 10.6033 | 0.2359 | |
| | | 385# | 30.13×15.14×3.07 | 11.7616 | 10.6629 | 10.6233 | 0.2344 | |
| 2015.9.14~9.21(12：25) | 75 | 370# | 30.14×15.17×3.08 | 11.7810 | 10.6281 | 10.5747 | 0.3156 | 0.3251 |
| | | 375# | 30.12×15.15×3.08 | 11.7810 | 10.6096 | 10.5534 | 0.3321 | |
| | | 379# | 30.15×15.17×3.08 | 11.7955 | 10.5310 | 10.4755 | 0.3276 | |
| 2015.9.7~9.14(12：05) | 100 | 389# | 30.10×15.10×3.07 | 11.7242 | 10.5211 | 10.4292 | 0.5457 | 0.5512 |
| | | 323# | 30.10×15.15×3.10 | 11.7845 | 10.6611 | 10.5691 | 0.5435 | |
| | | 345# | 30.15×15.15×3.10 | 11.8028 | 10.6482 | 10.5525 | 0.5645 | |

由表 2-6 中的实验数据及图 2-19 可知，在相同的注入周期内，随注入空气湿度不断增加，腐蚀速率增加。而注入空气湿度由 43%增加到 100%时，腐蚀速率增加至原来的 3 倍以上，说明注入空气湿度越大，腐蚀速率越高。可见水汽增加可加速钢材腐蚀。

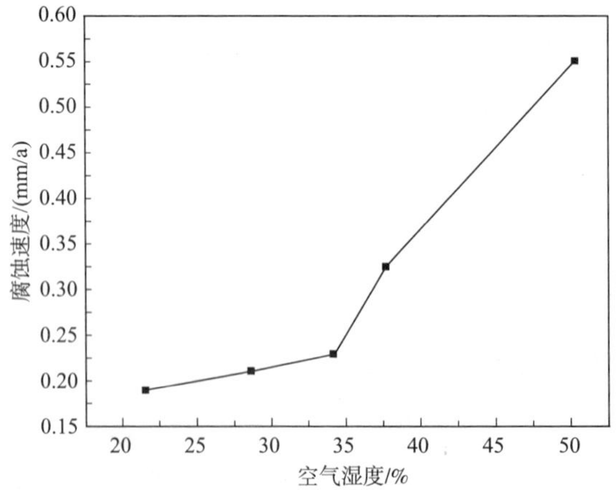


图 2-19 试片在不同注入空气湿度下的腐蚀速率曲线

**2. 回注水配制泡沫液的腐蚀模拟实验**

1)注入空气压力对腐蚀速率的影响

空气泡沫腐蚀实验过程：量取 800mL 事先配好的泡沫液，倒入反应釜内，挂入挂片，盖上釜盖。模拟现场注入工艺技术，控制温度为25℃，转速设置为500r/min，交替频率为4次。缓慢地注入空气，待压力达到预设压力后，关闭所有阀门。最后，待温度、压力及转速达到设定值后，记录实验开始时间。待达到实验周期，泄压后打开反应釜，取出挂片，观察、记录表面腐蚀状态及腐蚀产物黏附情况后，立即用清水冲洗掉实验介质，并用滤纸擦干，最后再根据标准进行挂片清洗并称重。试片腐蚀后形貌如图2-20所示。

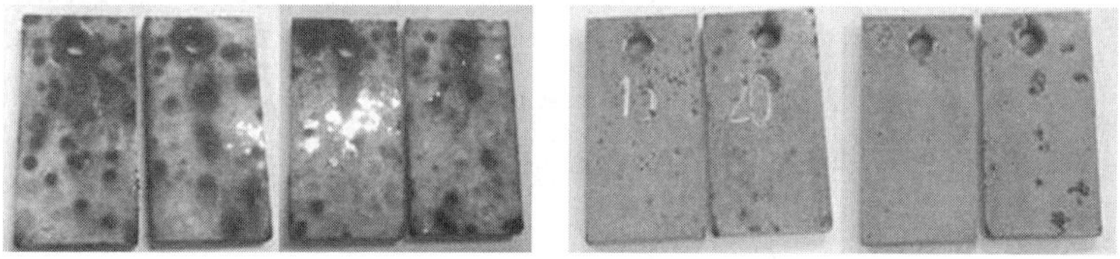

清洗前：正面(左)、反面(右)　　清洗后：正面(左)、反面(右)

(a)2MPa

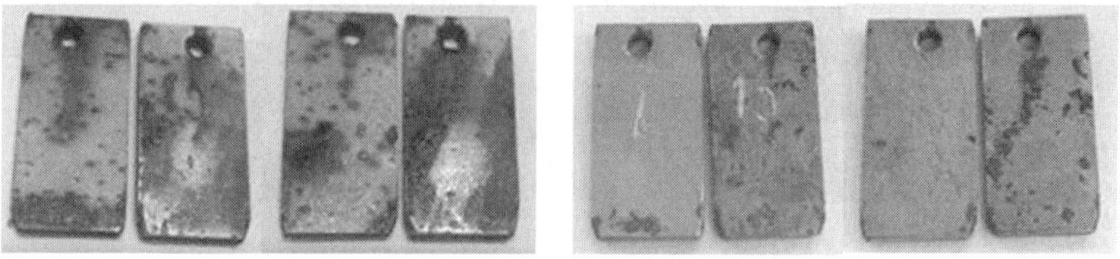

清洗前：正面(左)、反面(右)　　清洗后：正面(左)、反面(右)

(b)4MPa

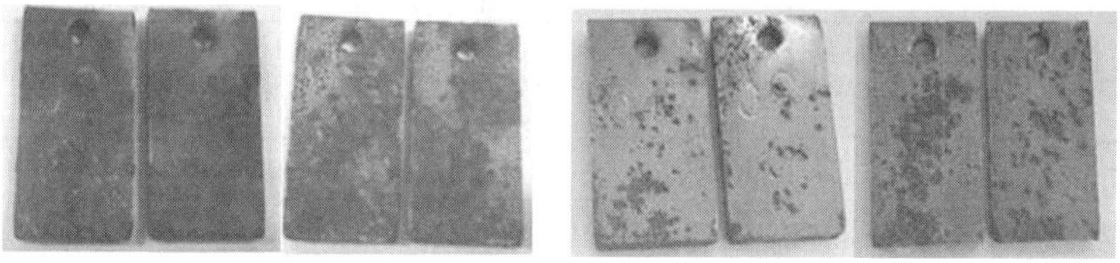

清洗前：正面(左)、反面(右)　　清洗后：正面(左)、反面(右)

(c)8MPa

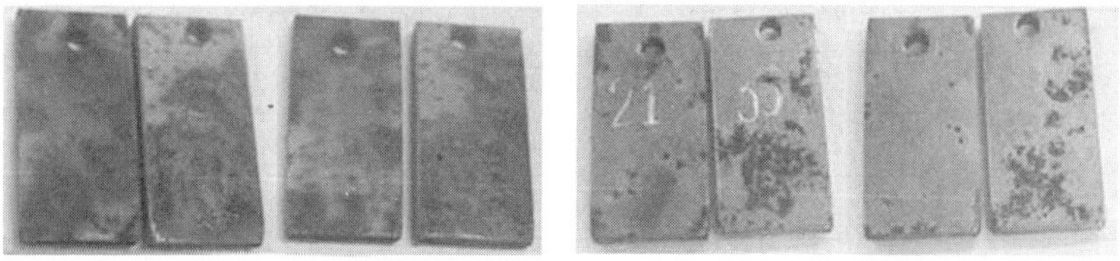

清洗前：正面(左)、反面(右)　　清洗后：正面(左)、反面(右)

(d)12MPa

图2-20　试片在不同注入空气压力下的腐蚀后形貌

结果表明：腐蚀后的试片上面有大量红色锈，观察清洗之后的试片发现，试片表面存在严重的均匀腐蚀和点腐蚀。而腐蚀后的水样比较混浊，总体呈现橙红色，随空气注入压力逐渐增加，水体颜色逐渐加深。腐蚀前后水体表观如图2-21所示，腐蚀实验数据如表2-7所示。

(a)腐蚀前　(b)2MPa　(c)4MPa

(d)8MPa　(e)12MPa

图2-21　试片在不同注入空气压力下腐蚀前后水体表观图

**表2-7　试片在不同注入空气压力下的腐蚀实验数据**

| 时间 | 压力/MPa | 试片编号 | 尺寸(长×宽×高)/(mm×mm×mm) | $A/cm^2$ | $W_0/g$ | $W/g$ | $V_a/(mm/a)$ | $\overline{V}_a/(mm/a)$ |
|---|---|---|---|---|---|---|---|---|
| 2015.5.5~5.12(23:40) | 2 | 15# | 29.98×15.02×2.97 | 11.5377 | 9.9971 | 9.9423 | 0.3307 | 0.3379 |
| | | 20# | 29.65×15.00×2.96 | 11.3970 | 9.9080 | 9.8515 | 0.3451 | |
| 2015.5.4~5.11(00:40) | 4 | 1# | 29.96×15.00×2.95 | 11.4993 | 10.0375 | 9.9176 | 0.7259 | 0.7442 |
| | | 13# | 29.87×14.99×2.95 | 11.4604 | 9.9689 | 9.8434 | 0.7624 | |
| 2015.5.3~5.10(21:25) | 8 | 34# | 30.02×15.02×2.93 | 11.5161 | 9.9685 | 9.7773 | 1.1474 | 1.1389 |
| | | 38# | 29.96×15.02×2.96 | 11.5215 | 10.0200 | 9.8321 | 1.1304 | |
| 2015.4.3~4.10(20:30) | 12 | 35# | 29.92×15.00×2.95 | 11.4850 | 10.0035 | 9.7925 | 1.2790 | 1.2687 |
| | | 21# | 29.64×15.02×2.98 | 11.4243 | 9.8915 | 9.6850 | 1.2584 | |

由表2-7中的实验数据及图2-22可知，随注入空气压力增加，试片腐蚀速率增加。而压力增加为原来的6倍时，试片的腐蚀速率增加为原来的4倍。可见空气压力对腐蚀的影响较大，高压可以加速腐蚀，这与腐蚀介质中氧分压的增大有关。

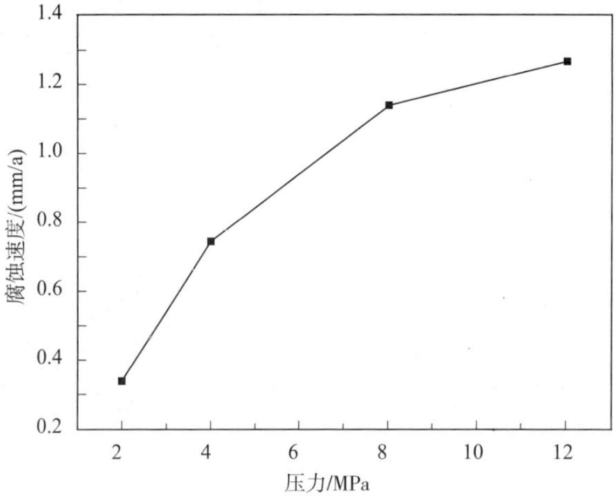


图 2-22　试片在不同注入空气压力下的腐蚀速率

2)注入空气温度对腐蚀速率的影响

空气泡沫腐蚀实验过程：量取 800mL 事先配好的泡沫液，倒入反应釜内，挂入挂片，盖上釜盖。模拟现场注入工艺技术，转速设置为 500r/min，交替频率为 4 次。缓慢地注入空气，待压力达到 12MPa 后，关闭所有阀门。最后，待温度、压力及转速达到设定值后，记录实验开始时间。待达到实验周期，泄压后打开反应釜，取出挂片，观察、记录表面腐蚀状态及腐蚀产物黏附情况后，立即用清水冲洗掉实验介质，并用滤纸擦干，最后再根据标准进行挂片清洗并称重。试片腐蚀后形貌如图 2-23 所示。

清洗前：正面(左)、反面(右)　　清洗后：正面(左)、反面(右)

(a)20℃

清洗前：正面(左)、反面(右)　　清洗后：正面(左)、反面(右)

(b)22.5℃

图 2-23　试片在不同注入空气温度下的腐蚀后形貌

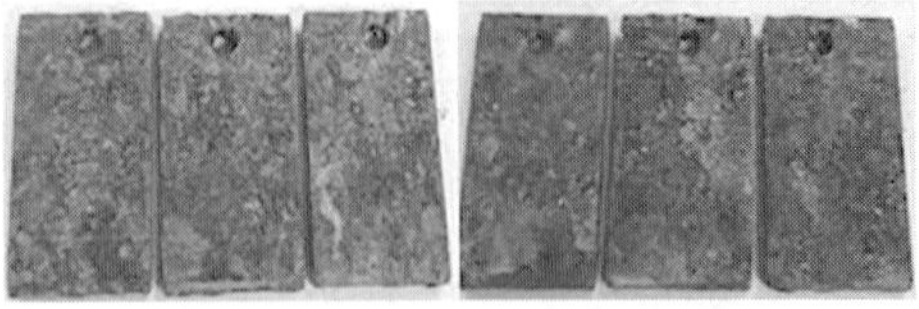

清洗前：正面(左)、反面(右)

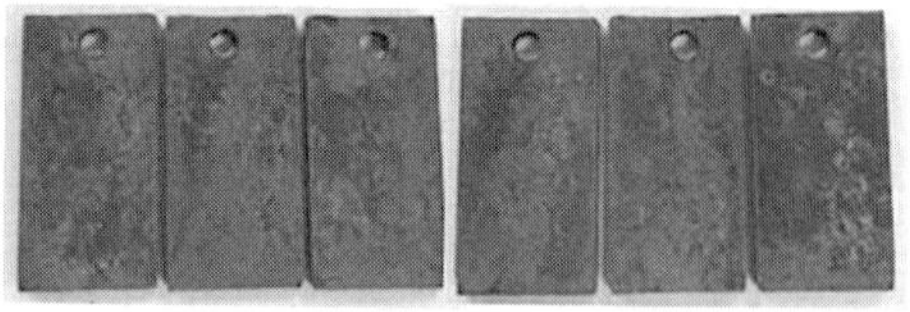

清洗后：正面(左)、反面(右)

(c)27.5℃

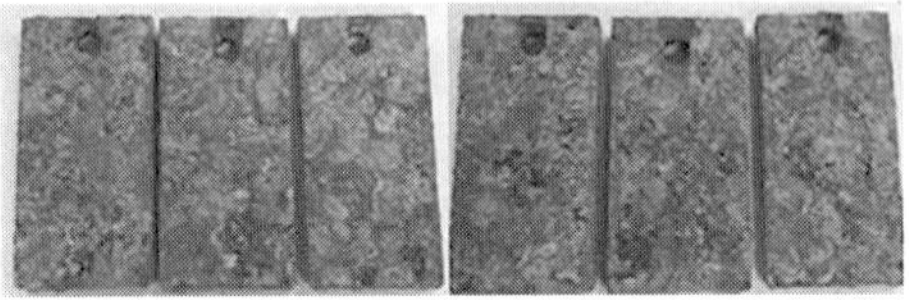

清洗前：正面(左)、反面(右)

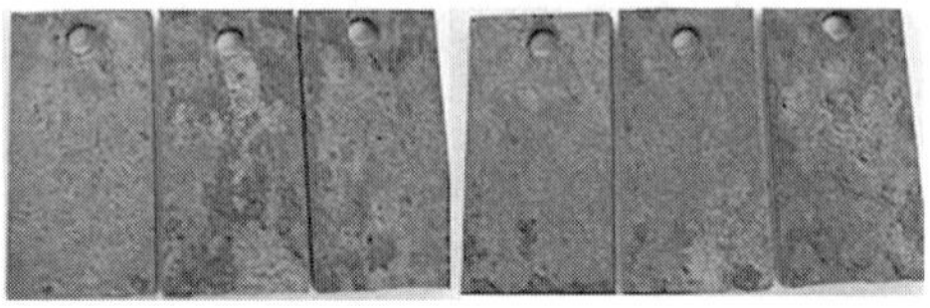

清洗后：正面(左)、反面(右)

(d)30℃

图 2-23　试片在不同注入空气温度下的腐蚀后形貌(续)

结果表明：腐蚀后的试片上面有大量红色锈，随空气注入温度逐渐增加，水体颜色呈现些许不同。腐蚀后水体表观如图 2-24 所示，腐蚀实验数据如表 2-8 所示。

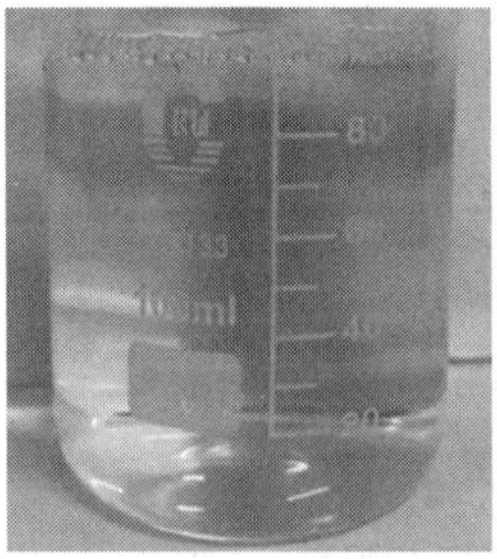

(a)腐蚀前

交替 1 次

交替 2 次

交替 3 次

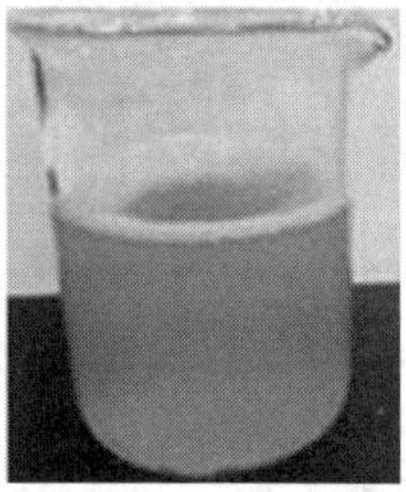

交替 4 次

(b)20℃

图 2-24　试片在不同注入空气温度下腐蚀前后水体表观图

交替 1 次　　交替 2 次　　交替 3 次　　交替 4 次

(c)22.5℃

交替 1 次　　交替 2 次　　交替 3 次　　交替 4 次

(d)27.5℃

交替 1 次　　交替 2 次　　交替 3 次　　交替 4 次

(e)30℃

图 2-24　试片在不同注入空气温度下腐蚀前后水体表观图(续)

**表 2-8　试片在不同注入空气温度下的腐蚀实验数据**

| 时间 | 温度/℃ | 试片编号 | 尺寸(长×宽×高)/(mm×mm×mm) | $A/cm^2$ | $W_0/g$ | $W/g$ | $V_a/(mm/a)$ | $\overline{V}_a/(mm/a)$ |
|---|---|---|---|---|---|---|---|---|
| 2015. 6. 24～7. 1(21：13) | 20 | 50# | 29. 94×14. 99×2. 95 | 11. 4856 | 10. 0284 | 9. 8744 | 0. 9230 | 0. 9606 |
| | | 10# | 29. 98×14. 95×2. 97 | 11. 4916 | 9. 9886 | 9. 8326 | 0. 9433 | |
| | | 48# | 29. 95×15. 01×2. 96 | 11. 5113 | 10. 0729 | 9. 9032 | 1. 0155 | |
| 2015. 6. 24～7. 1(21：00) | 22. 5 | 24# | 29. 86×15. 00×2. 99 | 11. 4993 | 10. 0147 | 9. 8277 | 1. 1339 | 1. 1660 |
| | | 45# | 29. 86×15. 01×2. 95 | 11. 4700 | 9. 9691 | 9. 7819 | 1. 1287 | |
| | | 19# | 29. 72×15. 03×2. 96 | 11. 4417 | 9. 9300 | 9. 7264 | 1. 2355 | |

续表

| 时间 | 温度/℃ | 试片编号 | 尺寸(长×宽×高)/(mm×mm×mm) | $A/cm^2$ | $W_0/g$ | $W/g$ | $V_a/(mm/a)$ | $\overline{V}_a/(mm/a)$ |
|---|---|---|---|---|---|---|---|---|
| 2015.4.3~4.10(20：30) | 25 | 35# | 29.92×15.00×2.95 | 11.4850 | 10.0035 | 9.7925 | 1.2790 | 1.2687 |
| | | 21# | 29.64×15.02×2.98 | 11.4243 | 9.8915 | 9.6850 | 1.2584 | |
| 2015.6.17~6.24(17：50) | 27.5 | 6# | 29.80×15.00×2.97 | 11.4598 | 9.9736 | 9.6789 | 1.7903 | 1.7221 |
| | | 30# | 29.94×15.04×2.96 | 11.5275 | 10.0239 | 9.6919 | 2.0050 | |
| | | 47# | 29.86×15.00×2.97 | 11.4814 | 9.9003 | 9.6742 | 1.3710 | |
| 2015.6.17~6.24(17：06) | 30 | 16# | 29.64×15.01×2.97 | 11.4089 | 9.8814 | 9.4357 | 2.7198 | 2.7493 |
| | | 3# | 29.81×15.00×2.97 | 11.4634 | 9.9795 | 9.5659 | 2.5118 | |
| | | 41# | 29.81×15.00×2.96 | 11.4545 | 9.975 | 9.4787 | 3.0164 | |

由表2-8中的实验数据及图2-25可知，随注入空气温度增加，试片腐蚀速率增加。当温度增加10℃时，试片的腐蚀速率增加为原来的3倍。可见空气温度对腐蚀的影响较大，温度升高可以加速腐蚀。这是因为温度上升时，空气中氧的扩散速率加快，从而使得腐蚀速率加快。

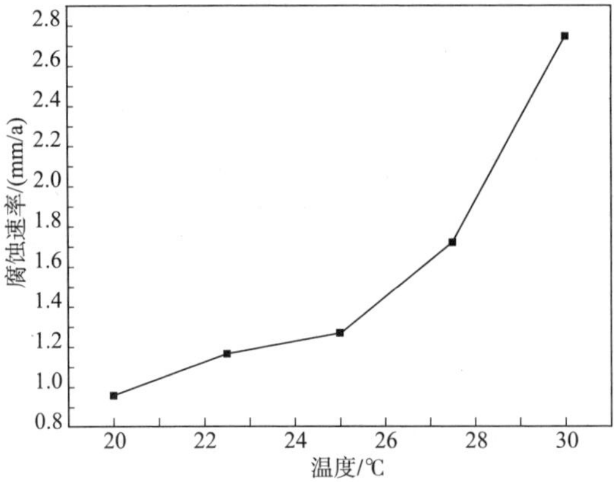


图2-25　试片在不同注入空气温度下的腐蚀速率

3)空气/泡沫液交替注入频率对腐蚀速率的影响

空气泡沫腐蚀实验过程：量取800mL事先配好的泡沫液，倒入反应釜内，挂入挂片，盖上釜盖。模拟现场注入工艺技术，温度为25℃，转速设置为500 r/min，关闭所有阀门，分别考察交替频率为0次、1次、2次、4次、6次时的腐蚀情况。最后，待温度、转速达到设定值后，记录实验开始时间。待达到实验周期，泄压后打开反应釜，取出挂片，观察、记录表面腐蚀状态及腐蚀产物黏附情况后，立即用清水冲洗掉实验介质，并用滤纸擦干，最后再根据标准进行挂片清洗并称重。试片腐蚀后形貌如图 2-26 所示。

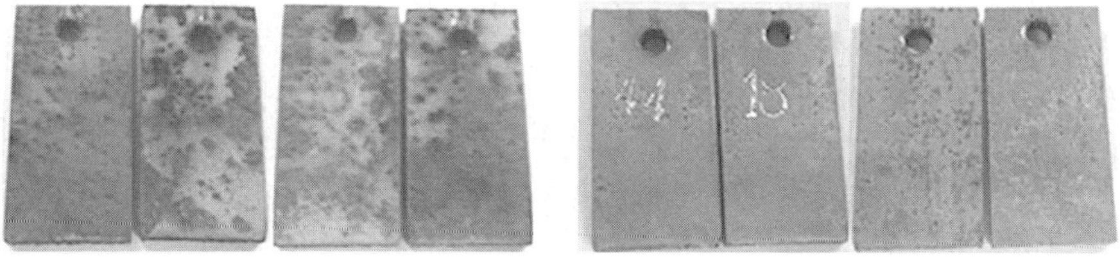

清洗前：正面(左)、反面(右)　　清洗后：正面(左)、反面(右)

(a)纯泡沫液

清洗前：正面(左)、反面(右)　　清洗后：正面(左)、反面(右)

(b)交替 1 次

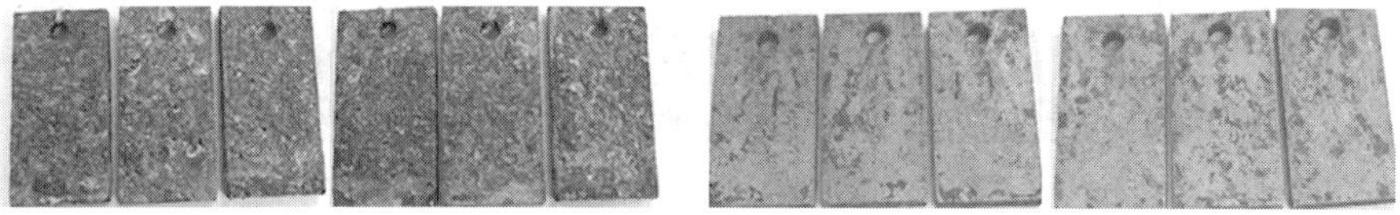

清洗前：正面(左)、反面(右)　　清洗后：正面(左)、反面(右)

(c)交替 2 次

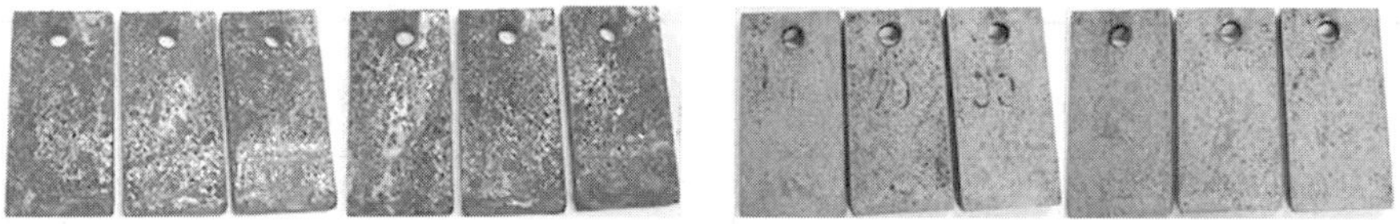

清洗前：正面(左)、反面(右)　　清洗后：正面(左)、反面(右)

(d)交替 4 次

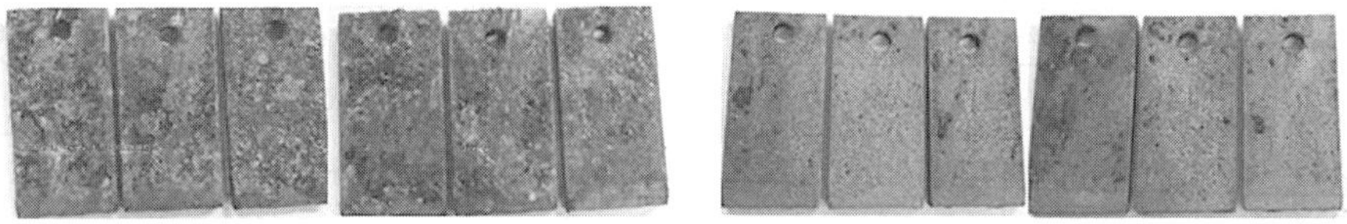

清洗前：正面(左)、反面(右)　　清洗后：正面(左)、反面(右)

(e)交替 6 次

图 2-26　试片在不同空气/泡沫液交替注入频率下的腐蚀后形貌

结果表明：腐蚀后的试片上面有大量红色锈，观察清洗之后的试片发现，试片表面存在严重的均匀腐蚀和点腐蚀，尤其是坑蚀。而腐蚀后的水样里有大量红色腐蚀铁屑悬浮物，交替频率不同时，水体颜色略有些许不同。腐蚀前后水体表观如图 2-27 所示，腐蚀实验数据如表 2-9 所示。

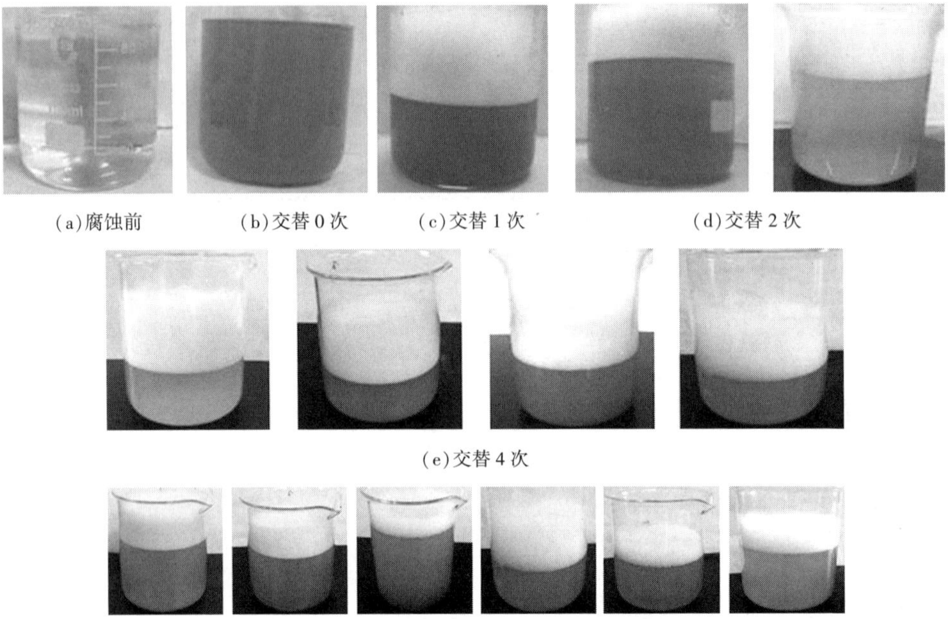

(a)腐蚀前　(b)交替 0 次　(c)交替 1 次　(d)交替 2 次

(e)交替 4 次

(f)交替 6 次

图 2-27　试片在不同空气/泡沫液交替注入频率下腐蚀前后水体表观图

**表 2-9　试片在不同空气/泡沫液交替注入频率下的腐蚀实验数据**

| 时间 | 频率 | 试片编号 | 尺寸(长×宽×高)/(mm×mm×mm) | $A/cm^2$ | $W_0/g$ | $W/g$ | $V_a/(mm/a)$ | $\overline{V}_a/(mm/a)$ |
|---|---|---|---|---|---|---|---|---|
| 2015. 4. 28~5. 5(23：00) | 0 | 44# | 29. 81×14. 99×2. 95 | 11. 4390 | 9. 9332 | 9. 8485 | 0. 5155 | 0. 4570 |
| | | 18# | 29. 95×15. 00×2. 93 | 11. 4778 | 9. 9874 | 9. 9217 | 0. 3985 | |
| 2015. 5. 18~5. 25(23：40) | 1 | 36# | 29. 79×15. 00×2. 95 | 11. 4383 | 9. 948 | 9. 8154 | 0. 8010 | 0. 8587 |
| | | 37# | 29. 83×15. 02×2. 97 | 11. 4837 | 9. 9692 | 9. 8118 | 0. 9540 | |
| | | 32# | 29. 88×15. 01×2. 96 | 11. 4861 | 10. 0118 | 9. 8754 | 0. 8211 | |
| 2015. 5. 18~5. 25(00：20) | 2 | 43# | 29. 98×15. 00×2. 96 | 11. 5155 | 10. 0451 | 9. 8549 | 1. 1499 | 1. 1465 |
| | | 42# | 29. 61×15. 00×2. 95 | 11. 3737 | 9. 9073 | 9. 722 | 1. 1342 | |
| | | 27# | 29. 58×15. 01×2. 97 | 11. 3873 | 9. 9028 | 9. 7133 | 1. 1555 | |
| 2015. 5. 25~6. 1(23：30) | 4 | 33# | 29. 85×15. 02×2. 96 | 11. 4819 | 10. 0146 | 9. 823 | 1. 1617 | 1. 2237 |
| | | 26# | 29. 63×15. 03×2. 93 | 11. 3825 | 9. 8829 | 9. 6762 | 1. 2642 | |
| | | 14# | 29. 84×15. 03×2. 94 | 11. 4669 | 9. 9655 | 9. 7604 | 1. 2452 | |

续表

| 时间 | 频率 | 试片编号 | 尺寸(长×宽×高)/(mm×mm×mm) | $A/cm^2$ | $W_0/g$ | $W/g$ | $V_a/(mm/a)$ | $\bar{V}_a/(mm/a)$ |
|---|---|---|---|---|---|---|---|---|
| 2015. 5. 26~6. 2(12：00) | 6 | 2# | 29. 88×14. 99×2. 95 | 11. 4927 | 9. 997 | 9. 6819 | 1. 9087 | 1. 7058 |
| | | 49# | 29. 96×14. 99×2. 96 | 11. 5017 | 10. 0062 | 9. 7267 | 1. 6917 | |
| | | 11# | 29. 80×15. 02×2. 98 | 11. 4818 | 9. 9529 | 9. 7027 | 1. 5170 | |

由表 2-9 中的实验数据及图 2-28 可知，在相同的注入周期内，随交替频率不断增加，腐蚀速率增加。当交替频率由 0 次增大到 6 次时，腐蚀速率增大为原来的 4 倍，说明泡沫液与空气交替注入次数越多，腐蚀速率越高，可见引起腐蚀的主要原因是频繁交替注入使得水与氧气共存。

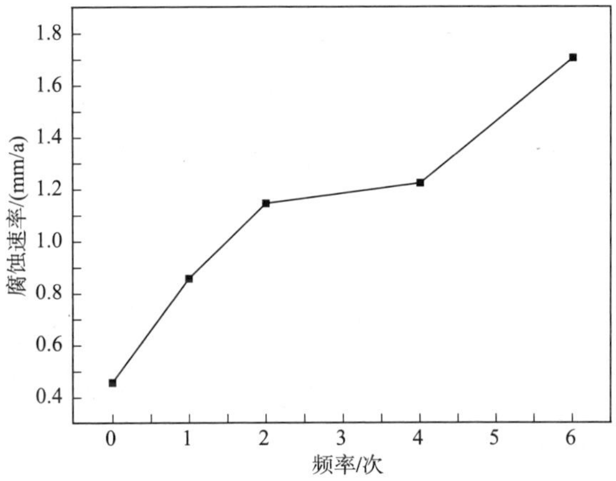


图 2-28　试片在不同空气/泡沫液交替注入频率下的腐蚀速率

4)注入流速对腐蚀速率的影响

空气泡沫腐蚀实验过程：量取 800mL 事先配好的泡沫液，倒入反应釜内，挂入挂片，盖上釜盖。模拟现场注入工艺技术，温度设置为 25℃，交替频率为 4 次。缓慢地注入空气，待压力达到 12MPa 后，关闭所有阀门。另外，使用微型泵+流量计+调速器使得溶液在反应釜中循环。最后，待温度、压力及流速达到设定值后，记录实验开始时间。待达到实验周期，泄压后打开反应釜，取出挂片，观察、记录表面腐蚀状态及腐蚀产物黏附情况后，立即用清水冲洗掉实验介质，并用滤纸擦干，最后再根据标准进行挂片清洗并称重。试片腐蚀后形貌如图 2-29 所示。

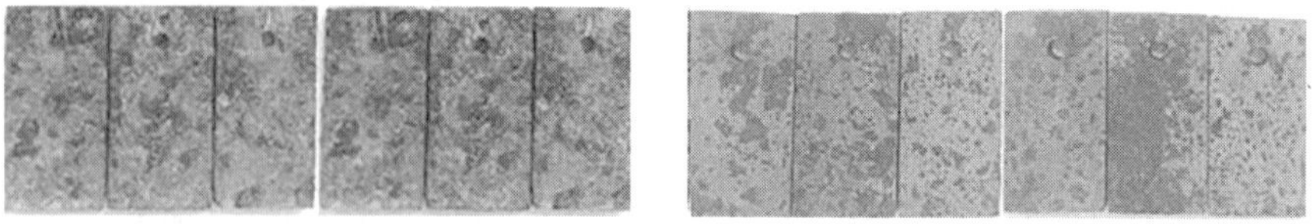

清洗前：正面(左)、反面(右)　　　　清洗后：正面(左)、反面(右)

(a)0.07m/s

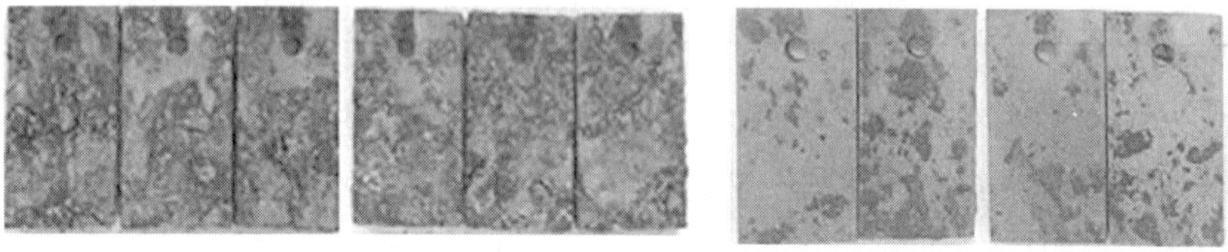

清洗前：正面(左)、反面(右)　　　　清洗后：正面(左)、反面(右)

(b)0.14m/s

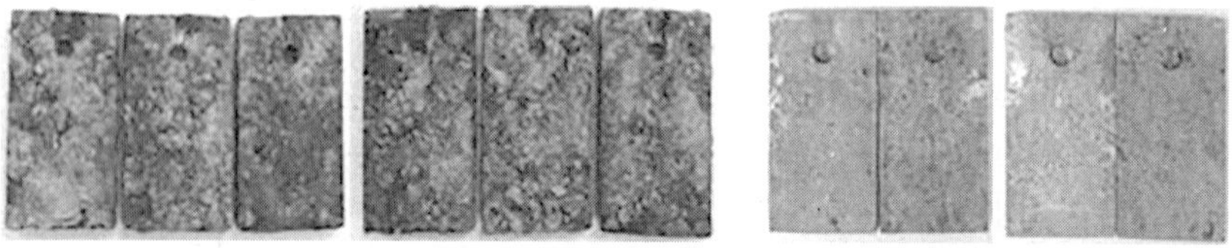

清洗前：正面(左)、反面(右)　　　　清洗后：正面(左)、反面(右)

(c)0.21m/s

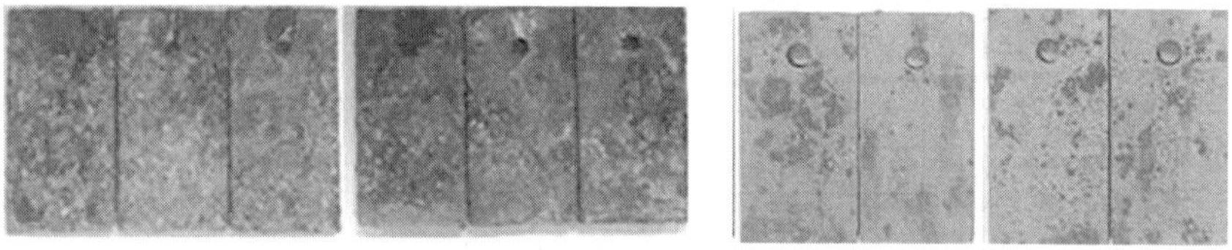

清洗前：正面(左)、反面(右)　　　　清洗后：正面(左)、反面(右)

(d)0.28m/s

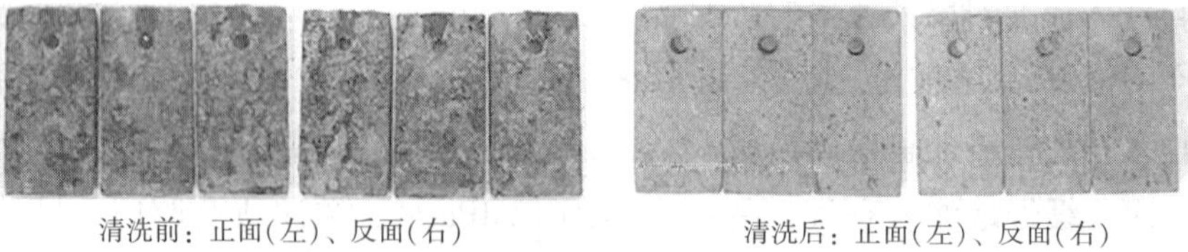

清洗前：正面(左)、反面(右)　　　　清洗后：正面(左)、反面(右)

(e)0.35m/s

图 2-29　试片在不同注入流速下的腐蚀后形貌

结果表明：腐蚀后的试片上面有大量红色锈，观察清洗之后的试片发现，试片表面存在严重的均匀腐蚀和点腐蚀。而腐蚀后的水样呈现些许混浊，且有一些红色沉淀，随注入流速逐渐增加，水体颜色呈现些许不同。腐蚀前后水体表观如图 2-30 所示，腐蚀实验数据如表 2-10 所示。

(a)腐蚀前

交替 1 次　交替 2 次　交替 3 次　交替 4 次

(b)0. 07m/s

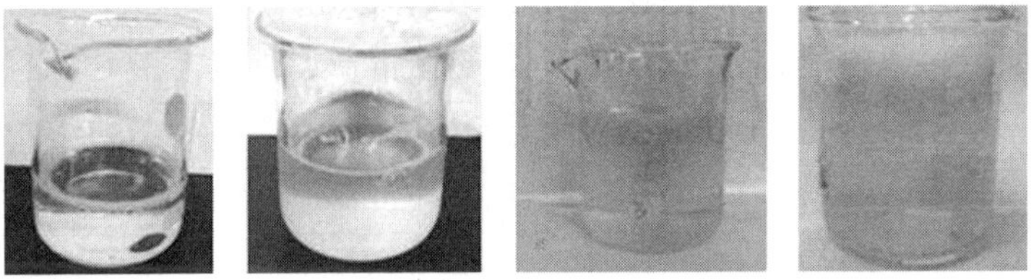

交替 1 次　交替 2 次　交替 3 次　交替 4 次

(c)0. 14m/s

交替 1 次　交替 2 次　交替 3 次　交替 4 次

(d)0. 21m/s

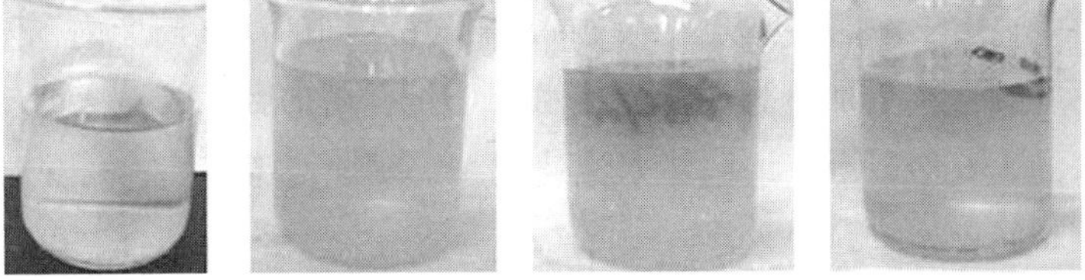

交替 1 次　交替 2 次　交替 3 次　交替 4 次

(e)0. 28m/s

图 2-30　试片在不同注入流速下腐蚀前后水体表观图

交替1次　　交替2次　　交替3次　　交替4次

(f)0.35m/s

图2-30　试片在不同注入流速下腐蚀前后水体表观图(续)

**表2-10　试片在不同注入流速下的腐蚀实验数据**

| 时间 | 流速/(m/s) | 试片编号 | 尺寸(长×宽×高)/(mm×mm×mm) | $A$/cm$^2$ | $W_0$/g | $W$/g | $V_a$/(mm/a) | $\bar{V}_a$/(mm/a) |
|---|---|---|---|---|---|---|---|---|
| 2015.7.24~7.31(22:30) | 0.07 | 324# | 30.15×15.16×3.14 | 11.8456 | 10.8185 | — | — | 1.4492 |
| | | 338# | 30.12×15.16×3.10 | 11.7984 | 10.6368 | 10.3812 | 1.5082 | |
| | | 300# | 30.10×15.14×3.10 | 11.7779 | 10.6125 | 10.3773 | 1.3902 | |
| 2015.7.20~7.27(12:00) | 0.14 | 340# | 30.14×15.08×3.10 | 11.7526 | 10.6496 | — | — | 1.7369 |
| | | 319# | 30.09×15.15×3.11 | 11.7899 | 10.7269 | 10.4358 | 1.7189 | |
| | | 373# | 30.14×15.17×3.11 | 11.8215 | 10.6802 | 10.3822 | 1.7550 | |
| 2015.7.17~7.24(22:30) | 0.21 | 359# | 30.14×15.14×3.09 | 11.7834 | 10.6254 | — | — | 2.1737 |
| | | 309# | 30.16×15.13×3.09 | 11.7840 | 10.6545 | 10.2842 | 2.1877 | |
| | | 304# | 30.14×15.14×3.12 | 11.8106 | 10.7592 | 10.3928 | 2.1598 | |
| 2015.7.24~7.31(12:30) | 0.28 | 326# | 30.09×15.14×3.08 | 11.7561 | 10.5112 | — | — | 2.2808 |
| | | 398# | 30.11×15.13×3.10 | 11.7749 | 10.6528 | 10.2663 | 2.2851 | |
| | | 333# | 30.16×15.12×3.08 | 11.7683 | 10.6178 | 10.233 | 2.2764 | |
| 2015.7.17~7.24(12:40) | 0.35 | 341# | 30.13×15.15×3.10 | 11.7955 | 10.4822 | 10.0921 | 2.3024 | 2.3639 |
| | | 395# | 30.10×15.11×3.10 | 11.7579 | 10.6419 | 10.2424 | 2.3654 | |
| | | 366# | 30.13×15.13×3.10 | 11.7822 | 10.5734 | 10.1632 | 2.4238 | |

由表2-10中的实验数据及图2-31可知，在相同的注入周期内，随注入流速不断增加，腐蚀速率增加。当注入流速由0.07m/s增加到0.35m/s时，腐蚀速率增加为原来的1.6倍以上，说明注入流速越大，腐蚀速率越高，可见注入流速增加可加速钢材腐蚀。

5)注入空气湿度对腐蚀速率的影响

空气泡沫腐蚀实验过程：量取800mL事先配好的泡沫液，倒入反应釜内，挂入挂片，盖上釜盖。模拟现场注入工艺技术，温度设置为25℃，交替频率为4

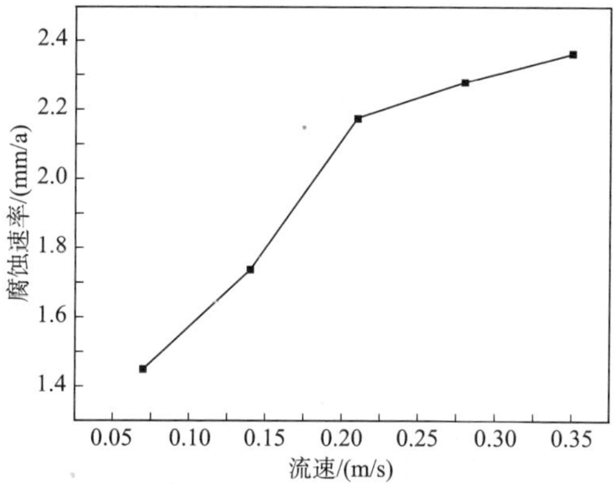


图 2-31　不同注入流速下的腐蚀速率

次，转速设置为 500r/min。缓慢地注入空气，待压力达到 12MPa 后，关闭所有阀门。另外，分别使用过饱和的 $CH_3COOK$ 溶液、$K_2CO_3$溶液、KI 溶液及 $K_2SO_4$溶液来控制空气湿度为 22%、43%、68%、100%。最后，待温度、压力及转速达到设定值后，记录实验开始时间。待达到实验周期，泄压后打开反应釜，取出挂片，观察、记录表面腐蚀状态及腐蚀产物黏附情况后，立即用清水冲洗掉实验介质，并用滤纸擦干，最后再根据标准进行挂片清洗并称重。试片腐蚀后形貌如图 2-32 所示。

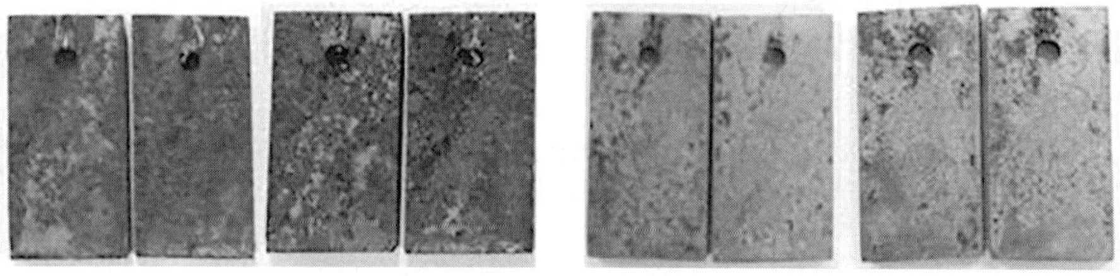

清洗前：正面(左)、反面(右)　　清洗后：正面(左)、反面(右)

(a)22%

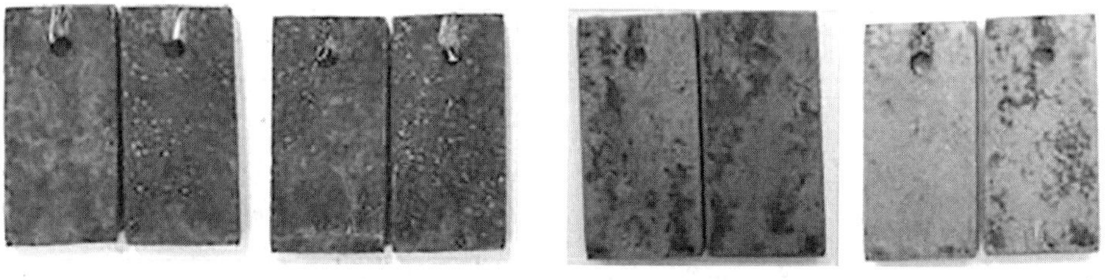

清洗前：正面(左)、反面(右)　　清洗后：正面(左)、反面(右)

(b)43%

图 2-32　试片在不同注入空气湿度下的腐蚀后形貌

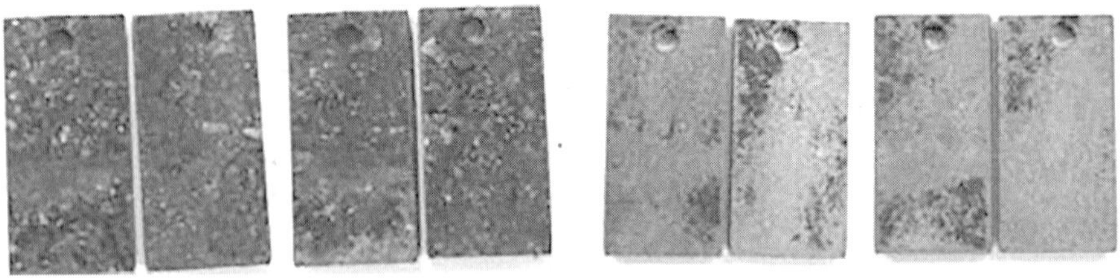

清洗前：正面(左)、反面(右)　　清洗后：正面(左)、反面(右)

(c)68%

清洗前：正面(左)、反面(右)　　清洗后：正面(左)、反面(右)

(d)100%

图 2-32　试片在不同注入空气湿度下的腐蚀后形貌(续)

结果表明：腐蚀后的试片上面有大量红色锈，观察清洗之后的试片发现，试片表面存在严重的均匀腐蚀和点腐蚀。而腐蚀后的水样呈现些许混浊，且有一些红色沉淀，随空气注入湿度逐渐增加，水体颜色呈现些许不同，腐蚀前后水体表观如图 2-33 所示。腐蚀实验数据如表 2-11 所示。

(a)腐蚀前

交替 1 次　　交替 2 次　　交替 3 次　　交替 4 次

(b)22%

图 2-33　试片在不同注入空气湿度下腐蚀前后水体表观图

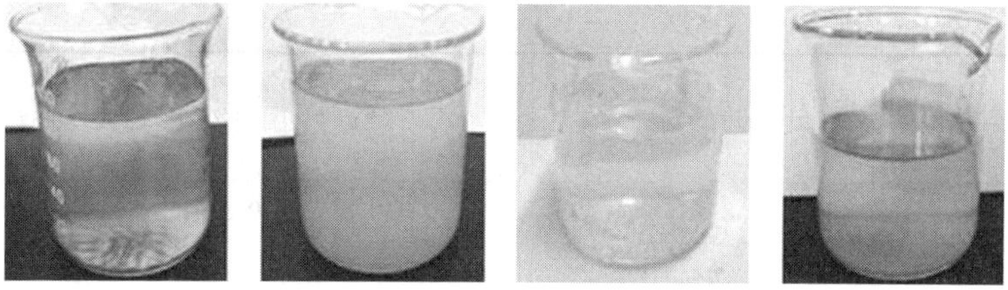

交替 1 次　　交替 2 次　　交替 3 次　　交替 4 次

(c)43%

交替 1 次　　交替 2 次　　交替 3 次　　交替 4 次

(d)68%

交替 1 次　　交替 2 次　　交替 3 次　　交替 4 次

(e)100%

图 2-33　试片在不同注入空气湿度下腐蚀前后水体表观图(续)

**表 2-11　试片在不同注入空气湿度下的腐蚀实验数据**

| 时间 | 湿度/% | 试片编号 | 尺寸(长×宽×高)/(mm×mm×mm) | $A$/cm$^2$ | $W_0$/g | $W$/g | $V_a$/(mm/a) | $\overline{V}_a$/(mm/a) |
|---|---|---|---|---|---|---|---|---|
| 2015. 7. 1~7. 8(21：46) | 22 | 353# | 30. 10×15. 15×3. 08 | 11. 7664 | 10. 7031 | — | — | 0. 4130 |
| | | 397# | 29. 63×15. 03×2. 93 | 11. 3826 | 10. 6329 | 10. 5566 | 0. 4289 | |
| | | 335# | 29. 84×15. 03×2. 94 | 11. 4670 | 10. 6607 | 10. 5901 | 0. 3970 | |
| 2015. 7. 1~7. 8(21：34) | 43 | 351# | 30. 08×15. 10×3. 10 | 11. 7440 | 10. 6878 | — | — | 0. 5636 |
| | | 382# | 30. 08×15. 10×3. 08 | 11. 7259 | 10. 5977 | 10. 5031 | 0. 5553 | |
| | | 301# | 30. 11×15. 15×3. 09 | 11. 7790 | 10. 7267 | 10. 6284 | 0. 5718 | |

续表

| 时间 | 湿度/% | 试片编号 | 尺寸(长×宽×高)/(mm×mm×mm) | $A/cm^2$ | $W_0/g$ | $W/g$ | $V_a/(mm/a)$ | $\overline{V}_a/(mm/a)$ |
|---|---|---|---|---|---|---|---|---|
| 2015. 6. 26~7. 3(9: 00) | 68 | 40# | 29. 89×15. 03×2. 98 | 11. 5209 | 10. 0173 | 9. 8741 | 0. 8661 | 0. 8729 |
| | | 8# | 29. 92×14. 98×2. 96 | 11. 4808 | 10. 5472 | — | — | |
| | | 4# | 29. 64×15. 01×2. 97 | 11. 4088 | 9. 9271 | 9. 7825 | 0. 8796 | |
| 2015. 7. 3~7. 10(9: 25) | 100 | 363# | 30. 10×15. 14×3. 08 | 11. 7598 | 10. 5720 | — | — | 1. 0839 |
| | | 399# | 30. 12×15. 12×3. 07 | 11. 7447 | 10. 6558 | 10. 4738 | 1. 0602 | |
| | | 352# | 30. 10×15. 08×3. 08 | 11. 7200 | 10. 7316 | 10. 5405 | 1. 1076 | |

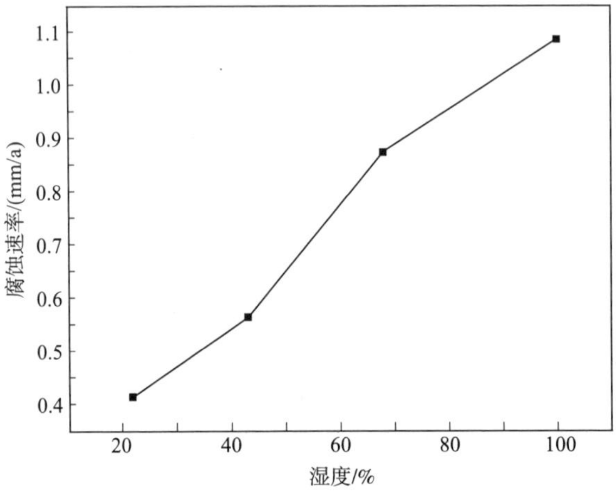

图 2-34　试片在不同注入空气湿度下腐蚀速率曲线

由表 2-11 中的实验数据及图 2-34 可知，在相同的注入周期内，随注入空气湿度的不断增加，腐蚀速率增加。而注入空气湿度由 22%增加到 100%时，腐蚀速率增加为原来的 2 倍以上，说明注入空气湿度越大，腐蚀速率越高。可见水汽增加可加速钢材腐蚀。

## 四、室内腐蚀模拟实验腐蚀产物分析

室内腐蚀模拟实验腐蚀产物取样点有两个，分别为以地表水及回注水配制的泡沫液为腐蚀介质，温度为 25℃、压力为 12MPa、交替频率为 4 次、流速为 0. 07m/s 的实验条件下的腐蚀产物。其原腐蚀挂片及腐蚀产物形貌如图 2-35 所示。从腐蚀挂片外观看来，其表面形成一层薄薄的红褐色产物，有局部的凸起，用刀片轻轻刮去表面产物后，挂片呈灰黑色。从刮下的腐蚀产物外观上来看，总体呈黑色，中间夹杂少量的红色物质，形态以粉末状为主，大颗粒状及片状较少。

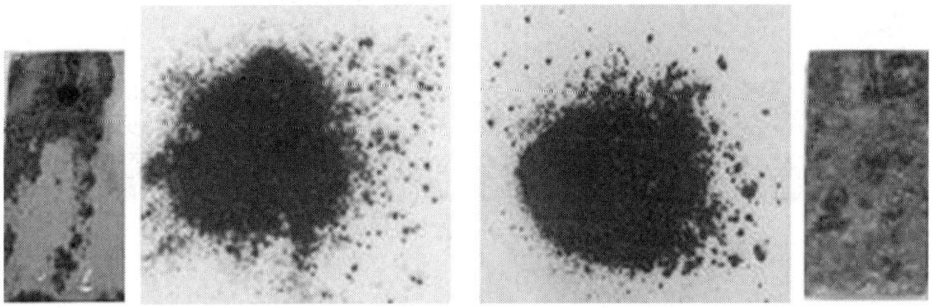

地表水　　　　回注水

图 2-35　室内腐蚀模拟实验腐蚀产物形貌

分别对地表水和回注水的腐蚀产物进行 SEM 形貌观测，如图 2-36 所示。

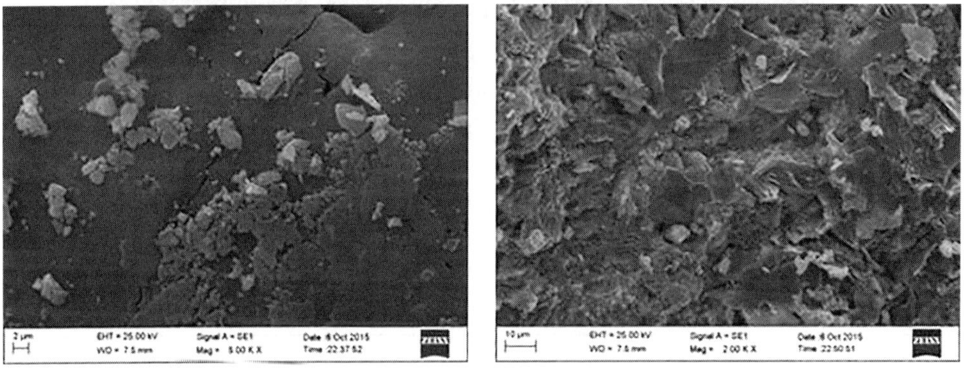

(a)地表水　　　　(b)回注水

图 2-36　室内腐蚀模拟实验腐蚀产物的 SEM 形貌

从图 2-36 中可以看出，地表水的腐蚀产物表面较为均匀，整体区域较为平整，部分平整区域混合分布着不规则的腐蚀产物颗粒，疏松易脱落。回注水的腐蚀产物呈层状分布，部分出现了较大的凹陷和凸起，腐蚀产物较为致密。综合分析腐蚀产物致密程度由高到低的顺序为：回注水、地表水，即回注水的腐蚀产物相对致密，腐蚀产物不易脱落。

分别对地表水和回注水的腐蚀产物进行能谱测试，如图 2-37 所示，分析结果如表 2-12 所示，发现腐蚀产物中主要元素为 O、Fe、C、Ca、S 及 Mg。

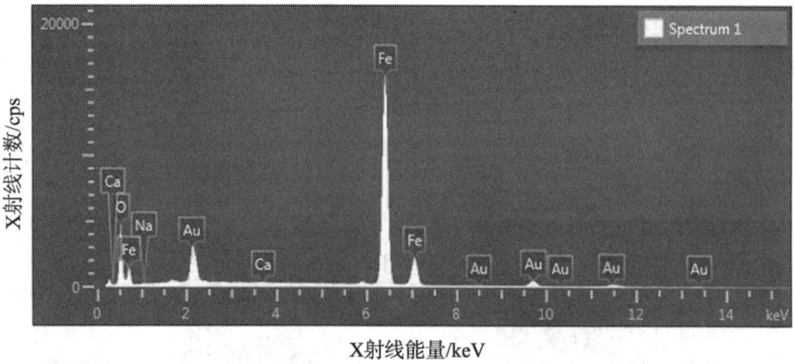


(a)地表水

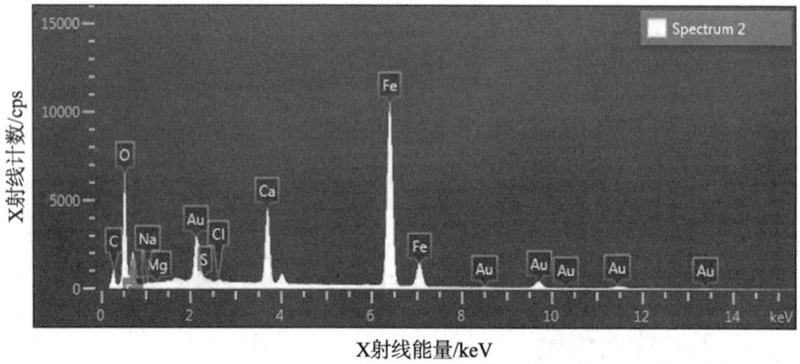


(b)回注水

图 2-37　室内腐蚀模拟实验腐蚀产物的 EDS 图谱

**表 2-12　室内腐蚀模拟实验腐蚀产物的 EDS 分析结果**

| 元素 | 地表水 | | 回注水 | |
|---|---|---|---|---|
| | 质量分数/% | 原子分数/% | 质量分数/% | 原子分数/% |
| C | — | — | 3.88 | 12.45 |
| O | 7.88 | 25.13 | 14.66 | 35.30 |
| Na | 0.10 | 0.21 | 0.15 | 0.25 |
| Mg | — | — | 0.01 | 0.01 |
| S | — | — | 0.25 | 0.31 |
| Cl | — | — | 0.25 | 0.27 |
| Ca | 0.10 | 0.12 | 9.86 | 9.48 |
| Fe | 77.57 | 70.82 | 56.82 | 39.18 |

由表 2-12 可以看出，室内模拟腐蚀实验的腐蚀产物中 O 元素含量均较高，说明在高温高压条件下，溶解氧是造成腐蚀的主要因素。回注水的腐蚀产物

中 O 元素和 Ca 元素含量相对地表水的腐蚀产物均较高，而 Fe 元素却较低，可推测相同条件下回注水配制的泡沫液模拟的腐蚀更为严重。

对室内模拟腐蚀实验的腐蚀产物 XRD 分析如图 2-38 所示。分析结果表明，地表水的腐蚀产物主要成分为 FeO(OH)、$Fe_2O_3$。腐蚀产物中多以 FeO(OH)的结构存在，FeO(OH)主要是在有氧或其他氧化剂存在的环境中产生的，可以推断此腐蚀主要发生了吸氧腐蚀。产物中没有 $Fe_3O_4$，说明腐蚀是在高含氧环境中发生的。

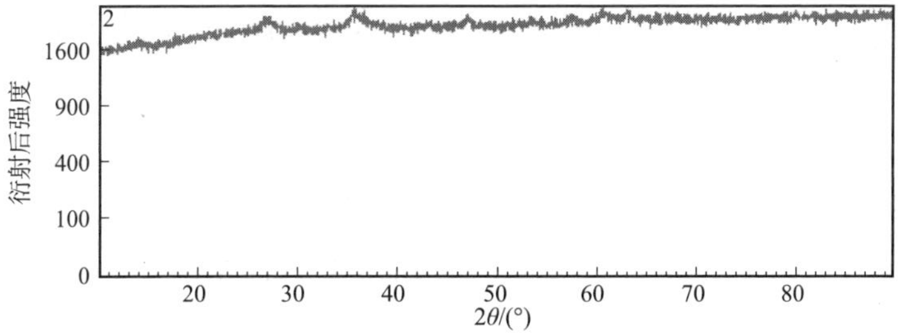

(a)地表水

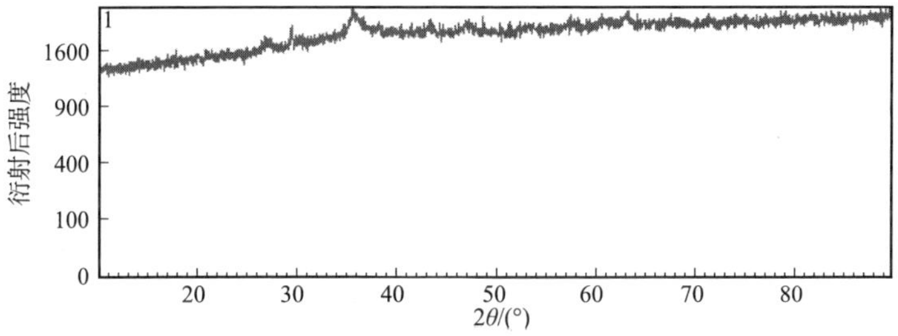

(b)回注水

图 2-38　室内腐蚀模拟实验腐蚀产物的 XRD 图谱

回注水的腐蚀产物主要成分为 $CaCO_3$、$Fe_2O_3$、FeS、$MgFe_2O_4$。其中 $CaCO_3$ 主要可能是腐蚀介质结垢的产物，大量 $Ca^{2+}$、$HCO_3^-$的存在会产生结垢物。而 FeS 是腐蚀和硫酸盐还原菌繁殖后共同作用的结果。$MgFe_2O_4$ 主要是在有氧条件下管道腐蚀之后的 $Fe_3O_4$与水中的 Mg 相结合的产物。

腐蚀结果与现场所取得腐蚀产物分析结果大致相符。地表水的矿化度较低，则其腐蚀产物以铁的氧化物为主；而回注水的矿化度较高，其腐蚀产物除 Fe 的不同价态的氧化物以外，还存在 Ca、Mg 等与 Fe 相结合的产物，只是室内腐蚀模拟实验的腐蚀产物种类较现场更单一，这主要是由现场操作较室内模拟更多变、更复杂导致的。

# 第三章　起泡剂作用下的腐蚀现象

起泡剂一般均为表面活性剂，其分子结构由非极性的亲油(疏水)基团和极性的亲水(疏油)基团构成，形成既有亲水性又有亲油性的所谓“双亲结构”分子。亲油基可以是脂肪族烃基、脂环族烃基和芳香族烃基或带 O、N 等原子的脂肪族烃基、脂环族烃基和芳香族烃基；亲水基一般为羧酸基、烃基、磺酸基、硫酸基、膦酸基、氨基、腈基、硫醇基、卤基、醚基等。

起泡剂加到水中，亲水基插入水相而亲油基插入油相或竖立在空气中，形成在界面层或表面上的定向排列，从而使界面张力或表面张力降低。一般而言，含极少量起泡剂的水溶液即具有起泡性。常见的起泡剂有羟基化合物类，醚及醚醇类，吡啶类和酮类。

实验用起泡剂有四种，分别为 1#表面活性剂、始创 A 起泡剂、始创 B 起泡剂及始创 C 起泡剂(抗高温)，其表观如图 3-1 所示。其中，1#表面活性剂呈黑色，起泡剂 A、B、C 呈亮黄色，起泡剂 A、B 呈流动态，起泡剂 C 呈胶状且在水中溶解性较差。

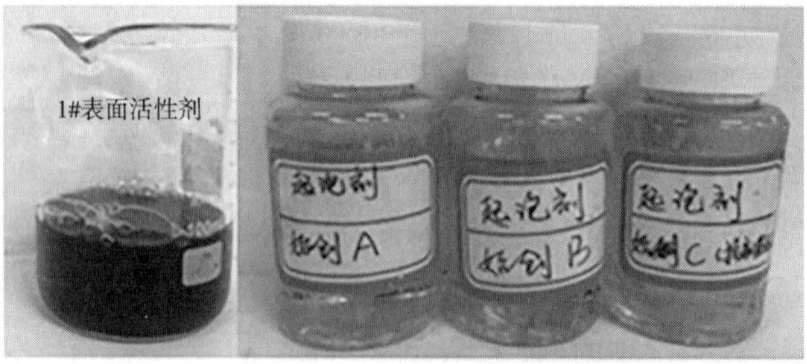


图 3-1　实验用起泡剂

腐蚀介质：泡沫体系(水：表面活性剂：稳定剂=1000：2：1)+空气；

实验周期：7d；

实验条件：每组挂三片挂片，每次添加配制的泡沫液 800mL，温度为 25℃，测试直线速度为 0.21m/s，交替频率为 4 次。

空气泡沫腐蚀实验过程：量取 800mL 事先配好的泡沫液(地表水∶表面活性剂∶稳定剂=1000∶2∶1)，倒入反应釜内，挂入挂片，盖上釜盖。模拟现场注入工艺技术，温度设置为 25℃，交替频率为 4 次，流速为 0.21m/s。缓慢地注入空气，待压力达到 12MPa 后，关闭所有阀门。最后，待温度、压力及流速达到设定值后，记录实验开始时间。待达到实验周期，泄压后打开反应釜，取出挂片，观察、记录表面腐蚀状态及腐蚀产物黏附情况后，立即用清水冲洗掉实验介质，并用滤纸擦干，最后再根据标准进行挂片清洗并称重。试片腐蚀后形貌如图 3-2 所示。

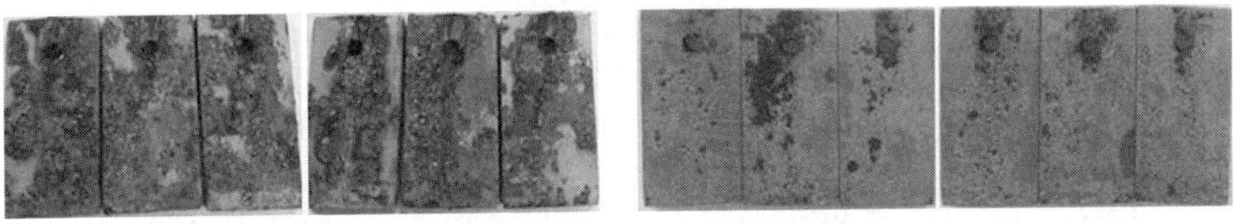

清洗前：正面(左)、反面(右)　　清洗后：正面(左)、反面(右)

(a)1#表面活性剂

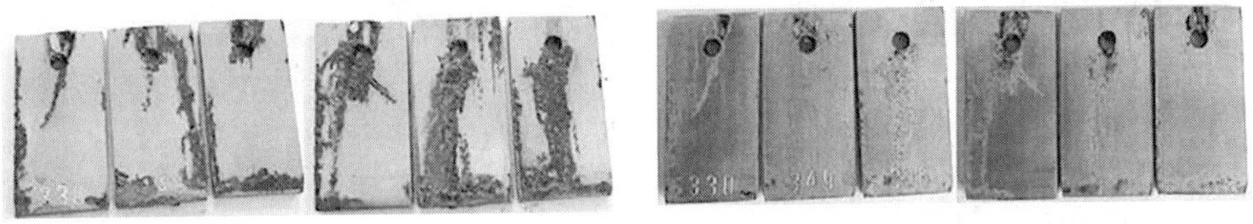

清洗前：正面(左)、反面(右)　　清洗后：正面(左)、反面(右)

(b)起泡剂 A

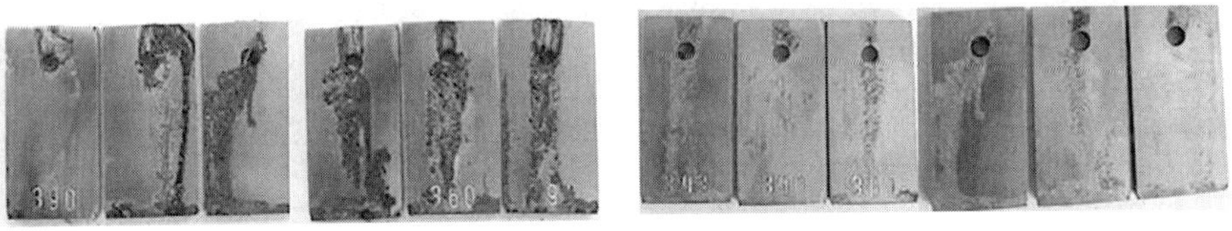

清洗前：正面(左)、反面(右)　　清洗后：正面(左)、反面(右)

(c)起泡剂 B

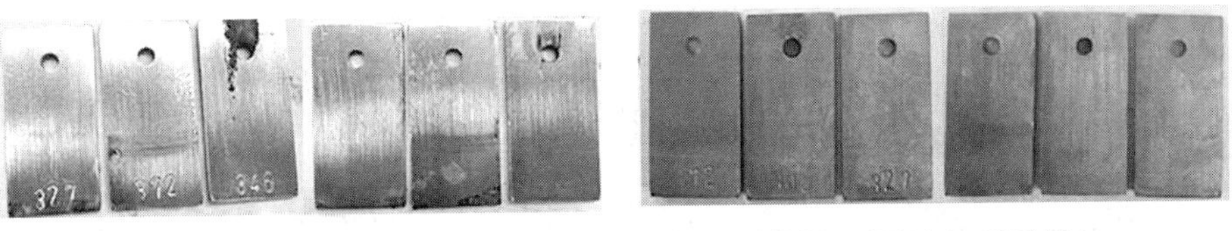

清洗前：正面(左)、反面(右)　　清洗后：止面(左)、反面(右)

(d)起泡剂 C

图 3-2　试片在不同起泡剂下的腐蚀后形貌

结果表明：腐蚀后的试片上面有些许红色锈。观察清洗之后的试片发现，除1#表面活性剂的试片表面存在较为严重的均匀腐蚀和点腐蚀外，其他起泡剂的腐蚀均不太严重。而腐蚀后的水样基本呈现无色透明，其中最后一次交替的水体有些许混浊。腐蚀前后水体表观如图3-3所示，腐蚀实验数据如表3-1所示。

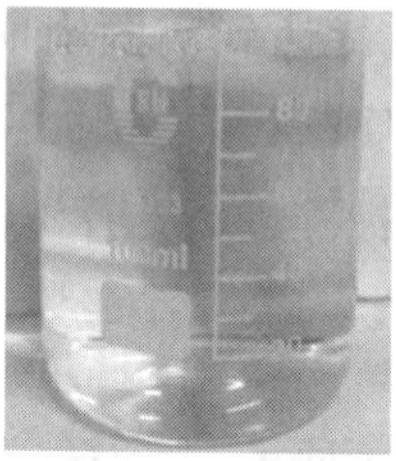

(a)腐蚀前

交替1次　交替2次　交替3次　交替4次

(b)1#表面活性剂

交替1次　交替2次　交替3次　交替4次

(c)起泡剂A

交替1次　交替2次　交替3次　交替4次

(d)起泡剂B

图3-3　试片在不同起泡剂下腐蚀前后水体表观图

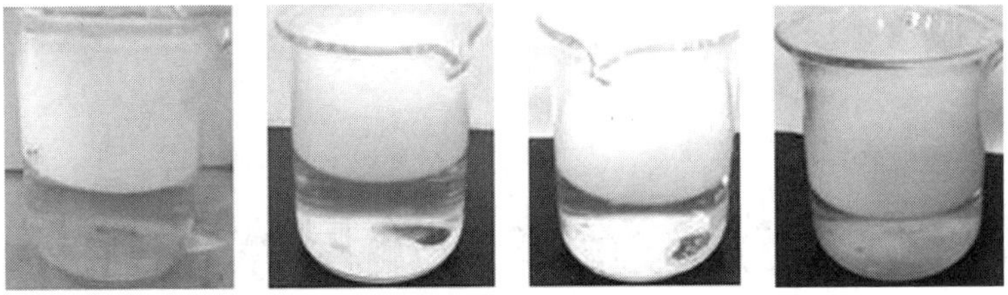

交替 1 次　　交替 2 次　　交替 3 次　　交替 4 次

(e)起泡剂 C

图 3-3　试片在不同起泡剂下腐蚀前后水体表观图(续)

**表 3-1　试片在不同起泡剂下的腐蚀实验数据**

| 时间 | 表活剂类型 | 试片编号 | 尺寸(长×宽×高)/(mm×mm×mm) | $A$/cm$^2$ | $W_0$/g | $W$/g | $V_a$/(mm/a) | $\overline{V}_a$/(mm/a) |
|---|---|---|---|---|---|---|---|---|
| 2015. 7. 31~8. 7(12：05) | 1#表活剂 | 325# | 30. 16×15. 10×3. 10 | 11. 7731 | 10. 6140 | 10. 4499 | 0. 9704 | 0. 9720 |
| | | 315# | 30. 13×15. 13×3. 10 | 11. 7822 | 10. 7859 | 10. 6219 | 0. 9690 | |
| | | 318# | 30. 15×15. 18×3. 15 | 11. 8136 | 10. 7289 | 10. 5632 | 0. 9765 | |
| 2015. 7. 9~7. 16(9：30) | 起泡剂 A | 330# | 30. 12×15. 15×3. 09 | 11. 7827 | 10. 6063 | 10. 5875 | 0. 1106 | 0. 1151 |
| | | 349# | 30. 13×15. 14×3. 09 | 11. 7797 | 10. 6023 | 10. 5821 | 0. 1189 | |
| | | 306# | 30. 11×15. 16×3. 11 | 11. 8038 | 10. 7656 | 10. 7457 | 0. 1159 | |
| 2015. 7. 9~7. 16(9：50) | 起泡剂 B | 360# | 30. 09×15. 15×3. 10 | 11. 7808 | 10. 5977 | 10. 5702 | 0. 1623 | 0. 1743 |
| | | 390# | 30. 12×15. 12×3. 08 | 11. 7537 | 10. 4812 | 10. 4521 | 0. 1728 | |
| | | 393# | 30. 12×15. 14×3. 16 | 11. 8394 | 10. 8393 | 10. 8072 | 0. 1879 | |
| 2015. 7. 10~7. 17(21：30) | 起泡剂 C | 372# | 30. 13×15. 13×3. 08 | 11. 7640 | 10. 6715 | 10. 6649 | 0. 0385 | 0. 0347 |
| | | 346# | 30. 16×15. 12×3. 09 | 11. 7773 | 10. 6842 | 10. 6779 | 0. 0368 | |
| | | 327# | 30. 16×15. 17×3. 10 | 11. 8197 | 10. 6727 | 10. 6678 | 0. 0287 | |

由表 3-1 中的腐蚀实验数据可以看出，1#表面活性剂的腐蚀速率是起泡剂 A 的 8. 4 倍，更是起泡剂 C 的 28 倍之多，说明现场所使用的起泡剂本身的腐蚀性较强。

# 第四章　注入流体与地层水的配伍性

在油田注水工艺中采用地表水、采出处理水或者不同水体混合回注，当这些注入流体与地层水之间的配伍性较差时，就会引起腐蚀、结垢等问题，其中结垢是油田开发过程中最常见的问题之一。结垢会使得注水难度增大、油气采收率下降，并影响油田的开发效果和经济效益，同时对环境也会造成很大的影响。另外，若注入流体与地层水不配伍时，也会引起黏土水化膨胀、分散、运移等而使储层受到伤害。因此，解决注入流体与地层水之间的配伍性是节省水资源、保护环境、保护油品、保持油田长期稳定生产的关键所在。本书中的注入流体主要是指各种配方的泡沫流体，因此，本章的主要内容是指各种配方的泡沫流体与地层水的配伍情况。

## 第一节　主要实验设备及流体类型

### 一、主要实验设备

主要实验设备为 CH-1015 超级恒温槽、JD210-4P 型电子天平(沈阳龙腾电子有限公司，Max=220g，d=0.1mg)、GZX-GF101-1-BS-Ⅱ电热恒温鼓风干燥箱(上海天恒医疗器械有限公司)、化学分析滤纸(杭州特种纸业有限公司)。

### 二、主要流体类型

配伍性实验中主要流体为甲方提供的四种发泡剂(将其分别命名为发泡剂 a、发泡剂 b、发泡剂 c 和发泡剂 1#)，此外对现场取回的地表水、地层水、回注水进行水质分析(详见第 2.1 节内容)，其基本特征如表 4-1 所示。

表 4-1　各种流体的基本特征

| 流体类型 | 颜色 | 水质 | 气味 |
| --- | --- | --- | --- |
| 发泡剂 a | 无色透明 | 清澈 | 无味 |
| 发泡剂 b | 无色透明 | 清澈 | 无味 |
| 发泡剂 c | 无色透明 | 清澈 | 无味 |
| 发泡剂 1# | 深棕褐色 | 混浊 | 无味 |
| 地表水 | 无色透明 | 清澈 | 无味 |
| 地层水 | 较透明 | 混浊，有少量絮状体 | 臭鸡蛋味 |
| 回注水 | 无色透明 | 清澈 | 臭鸡蛋味 |

四种发泡剂、地表水、地层水、回注水的外观如图 4-1 所示。

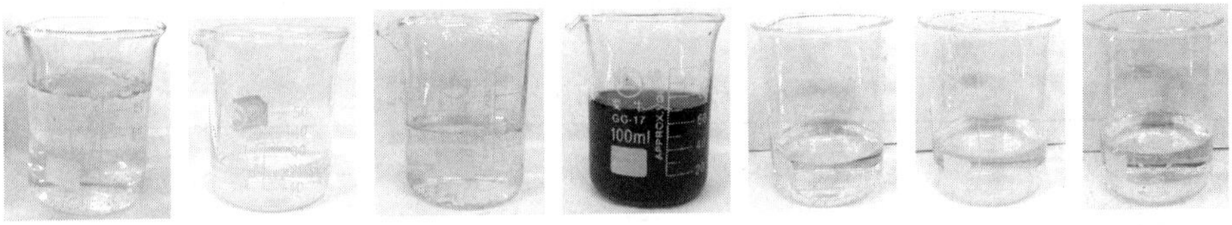

发泡剂 a　发泡剂 b　发泡剂 c　发泡剂 1#　地表水　地层水　回注水

图 4-1　外来流体颜色

## 第二节　配伍性实验

配伍性实验是将各种外来流体与地层水按照一定比例混合，在不同温度下观察是否有沉淀及其他明显的变化。

### 一、地表水与地层水配伍性实验

将地表水与地层水按不同比例混合，配伍情况如图 4-2 和表 4-2 所示。图 4-2(a)为室温下(25℃)混配初期水体外观；图 4-2(b)为室温下(25℃)混配 6h 后水体外观；图 4-2(c)为 35℃混配 6h 后水体外观。本章后续实验条件与此相同，不再赘述。

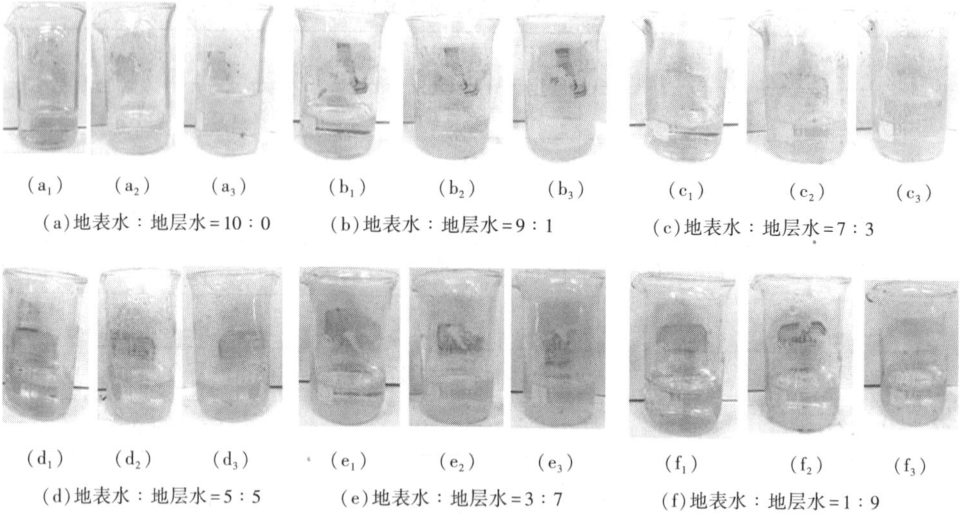

(a₁) (a₂) (a₃)　(a)地表水：地层水=10：0

(b₁) (b₂) (b₃)　(b)地表水：地层水=9：1

(c₁) (c₂) (c₃)　(c)地表水：地层水=7：3

(d₁) (d₂) (d₃)　(d)地表水：地层水=5：5

(e₁) (e₂) (e₃)　(e)地表水：地层水=3：7

(f₁) (f₂) (f₃)　(f)地表水：地层水=1：9

图 4-2　地表水与地层水混配情况

**表 4-2　地表水与地层水混配情况**

| 编号 | 混配比（地表水：地层水） | 室温（25℃）静置 6h | 加热（35℃）静置 6h |
|---|---|---|---|
| 1 | 0：10 | 基本透亮，放置 6h 后无明显变化 | 溶液清澈透亮，底部有少量微黄沉积物 |
| 2 | 1：9 | 基本透亮，放置 6h 后无明显变化 | 溶液清澈透亮，底部有少量微黄沉积物 |
| 3 | 3：7 | 微黄，放置 6h 后无明显变化 | 溶液微黄，底部有少量微黄沉积物 |
| 4 | 5：5 | 微黄，放置 6h 后无明显变化 | 溶液微黄，底部有少量微黄沉积物 |
| 5 | 7：3 | 浅黄，放置 6h 后无明显变化 | 溶液清澈透亮，底部有少量微黄沉积物 |
| 6 | 9：1 | 基本透亮，放置 6h 后无明显变化 | 溶液清澈透亮，底部有少量微黄沉积物 |
| 7 | 10：0 | 清澈透亮，放置 6h 后无明显变化 | 溶液清澈透亮，底部有少量微黄沉积物 |

实验表明：地表水与地层水按比例混配后室温下变化不明显，说明室温下二者配伍性较好。地表水和地层水加热前溶液透亮，加热后有少许沉淀生成。加热到 35℃静置 6h 发现，地表水与地层水混配后烧杯底部见少量沉积物，不同混配比例下沉积物产生量相差不大。

## 二、回注水与地层水配伍性实验

将回注水与地层水按不同比例混合，配伍情况如图 4-3 和表 4-3 所示。

(a₁)　(a₂)　(a₃)　(b₁)　(b₂)　(b₃)　(c₁)　(c₂)　(c₃)

(a)回注水：地层水=10：0　(b)回注水：地层水=9：1　(c)回注水：地层水=7：3

(d₁)　(d₂)　(d₃)　(e₁)　(e₂)　(e₃)　(f₁)　(f₂)　(f₃)

(d)回注水：地层水=5：5　(e)回注水：地层水=3：7　(f)回注水：地层水=1：9

图 4-3　回注水与地层水混配情况

**表 4-3　回注水与地层水混配情况**

| 编号 | 混配比（回注水：地层水） | 室温(25℃)静置 6h | 加热(35℃)静置 6h |
|---|---|---|---|
| 1 | 0：10 | 基本透亮，放置 6h 后无明显变化 | 溶液清澈透亮，底部有少量微黄沉积物 |
| 2 | 1：9 | 基本透亮，放置 6h 后无明显变化 | 溶液清澈透亮，底部有少量微黄沉积物 |
| 3 | 3：7 | 基本透亮，放置 6h 后无明显变化 | 溶液清澈透亮，底部有少量微黄沉积物 |
| 4 | 5：5 | 基本透亮，放置 6h 后无明显变化 | 溶液清澈透亮，有悬浮物生成，底部有少量微黄沉积物 |
| 5 | 7：3 | 基本透亮，放置 6h 后无明显变化 | 溶液清澈透亮，底部有少量微黄沉积物 |
| 6 | 9：1 | 清澈透亮，放置 6h 后无明显变化 | 溶液清澈透亮，底部有少量微黄沉积物 |
| 7 | 10：0 | 清澈透亮，放置 6h 后无明显变化 | 溶液清澈透亮，底部有少量微黄沉积物 |

实验表明：回注水与地层水按不同比例混配后室温下变化不明显，说明室温下二者配伍性较好。回注水和地层水加热前溶液透亮，加热后有少许沉淀生成。加热到 35℃静置 6h 发现，烧杯底部见少量沉积物，在混配比例为 5：5 时所产生的悬浮物及沉淀最多，此时回注水与地层水配伍性较差。

## 三、泡沫液 a 与地层水配伍性实验

泡沫液 a 配方为：地表水+0.2%发泡剂 a+0.1%稳定剂。后续实验中，泡沫液配方相同，不再赘述。将泡沫液 a 与地层水按不同比例混合，配伍情况如图 4-4 和表 4-4 所示。

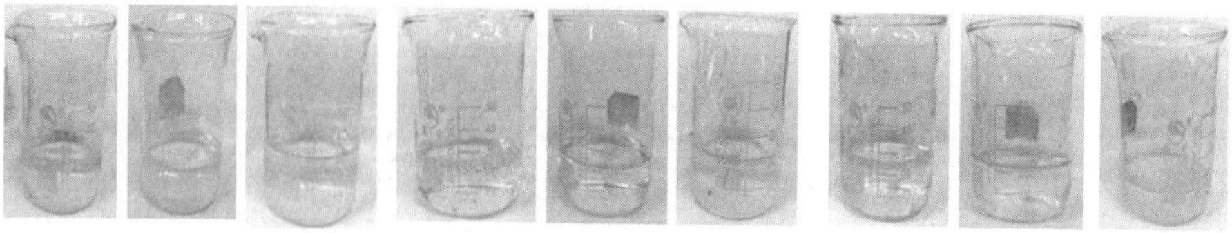

($a_1$) ($a_2$) ($a_3$) ($b_1$) ($b_2$) ($b_3$) ($c_1$) ($c_2$) ($c_3$)

(a)泡沫液 a：地层水=10：0　(b)泡沫液 a：地层水=9：1　(c)泡沫液 a：地层水=7：3

($d_1$) ($d_2$) ($d_3$) ($e_1$) ($e_2$) ($e_3$) ($f_1$) ($f_2$) ($f_3$)

(d)泡沫液 a：地层水=5：5　(e)泡沫液 a：地层水=3：7　(f)泡沫液 a：地层水=1：9

图 4-4　泡沫液 a 与地层水混配情况

**表 4-4　泡沫液 a 与地层水混配情况**

| 编号 | 混配比（泡沫液 a：地层水） | 室温(25℃)静置 6h | 加热(35℃)静置 6h |
|---|---|---|---|
| 1 | 0：10 | 基本透亮，放置 6h 后无明显变化 | 溶液清澈透亮，底部有少量微黄沉积物 |
| 2 | 1：9 | 基本透亮，放置 6h 后无明显变化 | 溶液清澈透亮，底部有少量微黄沉积物 |
| 3 | 3：7 | 基本透亮，放置 6h 后无明显变化 | 溶液清澈透亮，底部有少量微黄沉积物 |
| 4 | 5：5 | 基本透亮，放置 6h 后无明显变化 | 溶液清澈透亮，底部有少量微黄沉积物 |
| 5 | 7：3 | 基本透亮，放置 6h 后无明显变化 | 溶液清澈透亮，底部有些许微黄沉积物 |
| 6 | 9：1 | 基本透亮，放置 6h 后无明显变化 | 溶液清澈透亮，底部有少量微黄沉积物 |
| 7 | 10：0 | 基本透亮，放置 6h 后无明显变化 | 溶液清澈透亮，底部没有沉积物 |

实验表明：泡沫液 a 与地层水按比例混配后室温下变化不明显，说明室温下二者配伍性较好。单一泡沫液 a 和地层水加热前溶液透亮，加热后地层水有少许沉淀生成，泡沫液 a 无沉淀生成。泡沫液 a 和地层水混配后，加热到 35℃ 静置 6h 发现，烧杯底部见少量微黄沉积物生成，不同混配比所得的沉淀量相差不大。

## 四、泡沫液 b 与地层水配伍性实验

将泡沫液 b 与地层水按不同比例混合，配伍情况如图 4-5 和表 4-5 所示。

（a₁）　（a₂）　（a₃）　（b₁）　（b₂）　（b₃）　（c₁）　（c₂）　（c₃）

（a）泡沫液 b：地层水 = 10：0　（b）泡沫液 b：地层水 = 9：1　（c）泡沫液 b：地层水 = 7：3

（d₁）　（d₂）　（d₃）　（e₁）　（e₂）　（e₃）　（f₁）　（f₂）　（f₃）

（d）泡沫液 b：地层水 = 5：5　（e）泡沫液 b：地层水 = 3：7　（f）泡沫液 b：地层水 = 1：9

图 4-5　泡沫液 b 与地层水混配情况

**表 4-5　泡沫液 b 与地层水混配情况**

| 编号 | 混配比（泡沫液 b：地层水） | 室温（25℃）静置 6h | 加热（35℃）后静置 6h |
|---|---|---|---|
| 1 | 0：10 | 基本透亮，放置 6h 后无明显变化 | 溶液清澈透亮，底部有少量微黄沉积物 |
| 2 | 1：9 | 基本透亮，放置 6h 后无明显变化 | 溶液清澈透亮，底部有少量微黄沉积物 |
| 3 | 3：7 | 基本透亮，放置 6h 后无明显变化 | 溶液清澈透亮，有少量悬浮物 |
| 4 | 5：5 | 基本透亮，放置 6h 后无明显变化 | 溶液清澈透亮，有少量悬浮物 |
| 5 | 7：3 | 基本透亮，放置 6h 后无明显变化 | 溶液清澈透亮，底部有少量微黄沉积物 |
| 6 | 9：1 | 基本透亮，放置 6h 后无明显变化 | 溶液清澈透亮，底部有少量微黄沉积物 |
| 7 | 10：0 | 基本透亮，放置 6h 后无明显变化 | 溶液混浊，有少许悬浮物 |

实验表明：泡沫液 b 与地层水按不同比例混配后室温下变化不明显，说明室温下二者配伍性较好。单一泡沫液 b 和地层水加热前溶液都透亮，加热后地层水有少许沉淀生成，泡沫液 b 较混浊，有少许沉淀生成。泡沫液 b 和地层水混配后，加热到 35℃静置 6h 发现，烧杯底部见少量微黄沉积物生成，不同混配比所得的沉淀量相差不大。

## 五、泡沫液 c 与地层水配伍性实验

将泡沫液 c 与地层水按不同比例混合，配伍情况如图 4-6 和表 4-6 所示。

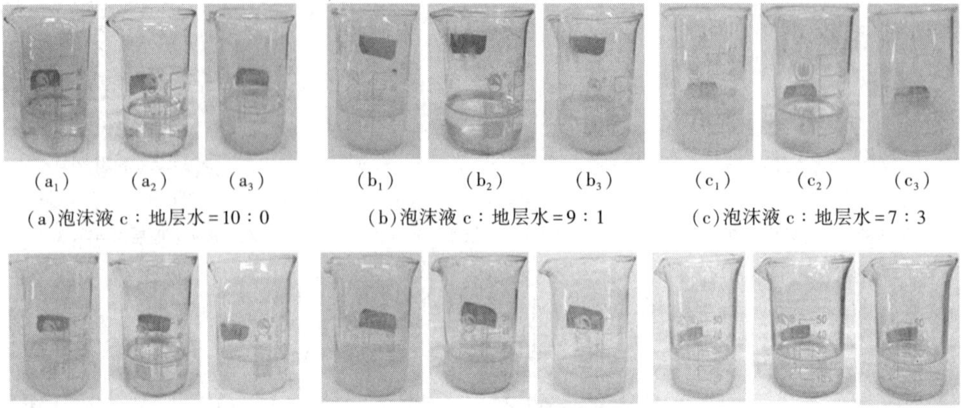

($a_1$) ($a_2$) ($a_3$)　($b_1$) ($b_2$) ($b_3$)　($c_1$) ($c_2$) ($c_3$)

(a)泡沫液 c：地层水 = 10：0　(b)泡沫液 c：地层水 = 9：1　(c)泡沫液 c：地层水 = 7：3

($d_1$) ($d_2$) ($d_3$)　($e_1$) ($e_2$) ($e_3$)　($f_1$) ($f_2$) ($f_3$)

(d)泡沫液 c：地层水 = 5：5　(e)泡沫液 c：地层水 = 3：7　(f)泡沫液 c：地层水 = 1：9

图 4-6　泡沫液 c 与地层水混配情况

**表 4-6　泡沫液 c 与地层水混配情况**

| 编号 | 混配比（泡沫液 c：地层水） | 室温（25℃）静置 6h | 加热（35℃）后静置 6h |
|---|---|---|---|
| 1 | 0：10 | 基本透亮，放置 6h 后无明显变化 | 溶液清澈，底部有少量微黄沉积物 |
| 2 | 1：9 | 基本透亮，放置 6h 后无明显变化 | 溶液清澈透亮，底部有少量微黄沉积物 |
| 3 | 3：7 | 有些混浊，溶液呈乳白色，放置 6h 后无明显变化 | 溶液呈乳白色，有少量悬浮物 |
| 4 | 5：5 | 较混浊，溶液呈乳白色，放置 6h 后无明显变化 | 溶液呈乳白色，有少量悬浮物 |
| 5 | 7：3 | 有些混浊，溶液呈乳白色，放置 6h 后无明显变化 | 溶液呈乳白色，有少量悬浮物 |
| 6 | 9：1 | 基本透亮，放置 6h 后无明显变化 | 溶液清澈透亮，底部有少量微黄沉积物 |
| 7 | 10：0 | 清澈透亮，放置 6h 后无明显变化 | 溶液清澈透亮，底部有少量微黄沉积物 |

实验表明：泡沫液 c 与地层水按不同比例混配后在室温下变化不明显，说明室温下二者配伍性较好。单一泡沫液 c 和地层水加热前溶液均透亮，加热后都有少许沉淀生成。泡沫液 c 和地层水混配后，加热到 35℃ 静置 6h 发现，烧杯底部有少量微黄沉积物生成，在混配比例为 3：7、5：5 和 7：3 时溶液呈乳白色。

## 六、泡沫液 1#与地层水配伍性实验

下面将泡沫液 1#与地层水按不同比例混合，并分别在 30℃、40℃、50℃、60℃、70℃、80℃混配 6h 后观察其结垢情况。若有沉淀或悬浮物生成，则将其过滤烘干、称重，并绘制悬浮颗粒质量浓度与不同混配比的关系曲线图。

1）温度为 30℃

温度为 30℃时混配 6h 后，有少许沉淀，配伍情况如图 4-7 和表 4-7 所示。图 4-7(a)为室温(25℃)下混配初期水体外观；图 4-7(b)为 30℃混配 6h 后水体外观。

**表 4-7　泡沫液 1#与地层水混配情况**

| 编号 | 混配比(泡沫液 1#：地层水) | 悬浮物质量/g | 悬浮物质量浓度/(mg/L) |
|---|---|---|---|
| 1 | 0：10 | 0.0020 | 40 |
| 2 | 1：9 | 0.0021 | 42 |
| 3 | 3：7 | 0.0100 | 200 |
| 4 | 5：5 | 0.0329 | 658 |
| 5 | 7：3 | 0.0436 | 872 |
| 6 | 9：1 | 0.0315 | 630 |
| 7 | 10：0 | 0.0126 | 252 |

($a_1$)　($a_2$)　($b_1$)　($b_2$)　($c_1$)　($c_2$)

(a)泡沫液 1#：地层水 = 10：0　(b)泡沫液 1#：地层水 = 9：1　(c)泡沫液 1#：地层水 = 7：3

($d_1$)　($d_2$)　($e_1$)　($e_2$)　($f_1$)　($f_2$)

(d)泡沫液 1#：地层水 = 5：5　(e)泡沫液 1#：地层水 = 3：7　(f)泡沫液 1#：地层水 = 1：9

图 4-7　泡沫液 1#与地层水混配情况

从表 4-7 中可以看出，温度为 30℃、泡沫液 1#与地层水体积比为 7∶3 时产生的悬浮物质量浓度最大，为 872mg/L；二者体积比为 0∶10 时产生的悬浮物质量浓度最小，为 40mg/L。

2) 温度为 40℃

温度为 40℃时，泡沫液 1#与地层水按不同体积比混配后，生成悬浮物质量情况如图 4-8 和表 4-8 所示。

**表 4-8　泡沫液 1#与地层水混配情况**

| 编号 | 混配比(泡沫液 1#∶地层水) | 悬浮物质量/g | 悬浮物质量浓度/(mg/L) |
|---|---|---|---|
| 1 | 0∶10 | 0.0032 | 64 |
| 2 | 1∶9 | 0.039 | 780 |
| 3 | 3∶7 | 0.03 | 600 |
| 4 | 5∶5 | 0.0352 | 704 |
| 5 | 7∶3 | 0.0438 | 876 |
| 6 | 9∶1 | 0.0228 | 456 |
| 7 | 10∶0 | 0.013 | 260 |

(a)10∶0　(b)9∶1　(c)7∶3　(d)5∶5　(e)3∶7　(f)1∶9　(g)0∶10

图 4-8　泡沫液 1#与地层水混配情况

从表 4-8 可看出，温度为 40℃、泡沫液 1#与地层水体积比为 7∶3 时产生的悬浮物质量浓度最大，为 876mg/L；二者体积比为 0∶10 时产生的悬浮物质量浓度最小，为 64mg/L。

3) 温度为 50℃

温度为 50℃时，泡沫液 1#与地层水按不同体积比混配后，生成悬浮物质量情况如图 4-9 和表 4-9 所示。

**表 4-9　泡沫液 1#与地层水混配情况**

| 编号 | 混配比(泡沫液 1#∶地层水) | 悬浮物质量/g | 悬浮物质量浓度/(mg/L) |
|---|---|---|---|
| 1 | 0∶10 | 0.0044 | 88 |

续表

| 编号 | 混配比(泡沫液 1#：地层水) | 悬浮物质量/g | 悬浮物质量浓度/(mg/L) |
|---|---|---|---|
| 2 | 1：9 | 0.0057 | 114 |
| 3 | 3：7 | 0.0133 | 266 |
| 4 | 5：5 | 0.0239 | 478 |
| 5 | 7：3 | 0.0495 | 990 |
| 6 | 9：1 | 0.0046 | 92 |
| 7 | 10：0 | 0.0012 | 24 |

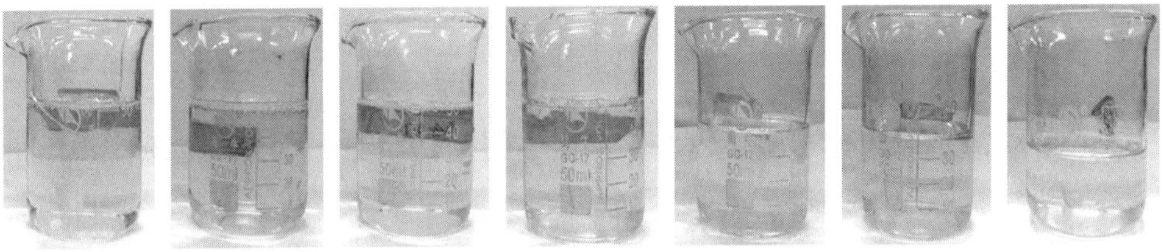

(a)10：0　(b)9：1　(c)7：3　(d)5：5　(e)3：7　(f)1：9　(g)0：10

图 4-9　泡沫液 1#与地层水混配情况

从表 4-9 可看出，温度为 40℃、泡沫液 1#与地层水体积比为 7：3 时产生的悬浮物质量浓度最大，为 990mg/L；二者体积比为 10：0 时产生的悬浮物质量浓度最小，为 24mg/L。

4)温度为 60℃

温度为 60℃时，泡沫液 1#与地层水按不同体积比混配后，生成悬浮物质量情况如图 4-10 和表 4-10 所示。

**表 4-10　泡沫液 1#与地层水混配情况**

| 编号 | 混配比(泡沫液 1#：地层水) | 悬浮物质量/g | 悬浮物质量浓度/(mg/L) |
|---|---|---|---|
| 1 | 0：10 | 0.0051 | 288 |
| 2 | 1：9 | 0.0435 | 114 |
| 3 | 3：7 | 0.0237 | 66 |
| 4 | 5：5 | 0.0083 | 20 |
| 5 | 7：3 | 0.0684 | 790 |
| 6 | 9：1 | 0.0101 | 92 |
| 7 | 10：0 | 0.0067 | 24 |

(a)10∶0　(b)9∶1　(c)7∶3　(d)5∶5　(e)3∶7　(f)1∶9　(g)0∶10

图 4-10　泡沫液 1#与地层水混配情况

从表 4-10 可看出，温度为 60℃、泡沫液 1#与地层水体积比为 7∶3 时产生的悬浮物质量浓度最大，为 790mg/L；二者体积比为 10∶0 时产生的悬浮物质量浓度最小，为 24mg/L。

5)温度为 70℃

温度为 70℃时，泡沫液 1#与地层水按不同体积比混配后，生成悬浮物质量情况如图 4-11 和表 4-11 所示。

**表 4-11　泡沫液 1#与地层水混配情况**

| 编号 | 混配比(泡沫液 1#∶地层水) | 悬浮物质量/g | 悬浮物质量浓度/(mg/L) |
|---|---|---|---|
| 1 | 0∶10 | 0.0144 | 102 |
| 2 | 1∶9 | 0.0057 | 870 |
| 3 | 3∶7 | 0.0033 | 474 |
| 4 | 5∶5 | 0.0010 | 166 |
| 5 | 7∶3 | 0.0395 | 1368 |
| 6 | 9∶1 | 0.0046 | 202 |
| 7 | 10∶0 | 0.0012 | 134 |

(a)10∶0　(b)9∶1　(c)7∶3　(d)5∶5　(e)3∶7　(f)1∶9　(g)0∶10

图 4-11　泡沫液 1#与地层水混配情况

从表 4-11 可看出，温度为 70℃、泡沫液 1#与地层水体积比为 7∶3 时产生的悬浮物质量浓度最大，为 1368mg/L；二者体积比为 10∶0 时产生的悬浮物质量浓度最小，为 134mg/L。

6) 温度为 80℃

温度为 80℃时，泡沫液 1#与地层水按不同体积比混配后，生成悬浮物质量情况如图 4-12 和表 4-12 所示。

**表 4-12　泡沫液 1#与地层水混配情况**

| 编号 | 混配比(泡沫液 1#：地层水) | 悬浮物质量/g | 悬浮物质量浓度/(mg/L) |
|---|---|---|---|
| 1 | 0：10 | 0.0403 | 806 |
| 2 | 1：9 | 0.0315 | 630 |
| 3 | 3：7 | 0.0380 | 760 |
| 4 | 5：5 | 0.0325 | 650 |
| 5 | 7：3 | 0.0850 | 1700 |
| 6 | 9：1 | 0.0785 | 1570 |
| 7 | 10：0 | 0.0226 | 452 |

(a)10：0　(b)9：1　(c)7：3　(d)5：5　(e)3：7　(f)1：9　(g)0：10

图 4-12　泡沫液 1#与地层水混配情况

从表 4-12 可看出，温度为 80℃、泡沫液 1#与地层水体积比为 7：3 时产生的悬浮物质量浓度最大，为 1700mg/L；二者体积比为 10：0 时产生的悬浮物质量浓度最小，为 452mg/L。

7) 不同温度时混配小结

不同温度条件下泡沫液 1#与地层水配伍性实验结果如图 4-13 所示。

由图 4-13 可知，悬浮物质量浓度随温度增加呈先增加后降低的趋势，在温度为 80℃时出现峰值，最大悬浮物质量浓度为 1700mg/L。温度为 80℃时单一泡沫液 1#的悬浮物质量浓度为 452mg/L，当温度从 80℃降至 50℃时，悬浮物质量浓度从 452mg/L 降至 24mg/L，泡沫液 1#在高温环境下自身的结垢趋势较强。当泡沫液 1#与地层水以不同的体积比混合后，结垢量随地层水比例的增加呈先增加后降低的趋势，在 7：3 时出现峰值，最大悬浮物质量浓度为 1700mg/L。因此，泡沫液 1#与地层水在体积比为 7：3 时，配伍性较差。

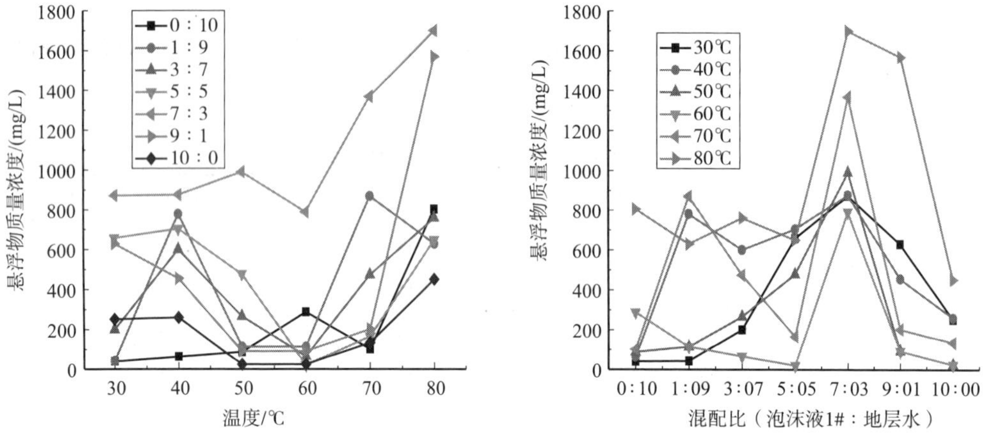


(a)温度的影响　(b)混配比的影响

图 4-13　不同温度时泡沫液 1#与地层水混配情况

## 七、四种泡沫液与地层水配伍性对比实验

因泡沫液 a、b、c、1#与地层水按不同比例混配时，都有沉淀产生，而在 7∶3(泡沫液∶地层水)时最多，故将比例为 7∶3、温度为 30℃(地层温度)时，四种泡沫液与地层水混配 6h 后的结垢情况进行对比。若有沉淀或悬浮物生成，则将其过滤烘干、称重，得出悬浮物质量浓度如表 4-13 所示。

**表 4-13　泡沫液与地层水混配情况**

| 泡沫液种类 | 悬浮物质量/g | 悬浮物质量浓度/(mg/L) |
|---|---|---|
| a | 0.0517 | 1034 |
| b | 0.0508 | 1016 |
| c | 0.0492 | 984 |
| 1# | 0.0436 | 872 |

由表 4-13 可知，相同条件下，泡沫液 1#与地层水混配后其悬浮物质量浓度最低，为 872mg/L；其次为泡沫液 c；而泡沫液 a 与地层水混配后其悬浮物质量浓度最高，为 1034mg/L。因此，从配伍性实验可知：混配比为 7∶3、温度为 30℃时，泡沫液 1#与地层水配伍性相对较好，泡沫液 c 次之，而泡沫液 a 和泡沫液 b 与地层水配伍性较差。

# 第三节　悬浮物成分分析

实验采用红外光谱分析悬浮物分子结构类型。采用压片法制备固体样品，样品为泡沫液 1#与地层水在温度为 30℃、混配比为 7∶3 时混配所得悬浮物沉淀。取 2mg 提纯后烘干的悬浮物粉末与 200mg 光谱纯 KBr 混合，在玛瑙研钵中碾磨到粒度小于 2μm 后在油压机上压制成片，此时，悬浮物粉末与纯 KBr 混合物呈透明薄膜状，如图 4-14 所示。测定结果如图 4-15 所示，根据悬浮物不同分子的红外吸收谱图与标准库中的光谱进行比对，可鉴定和分析出沉淀的类型。

图 4-14　悬浮物样品压制成片

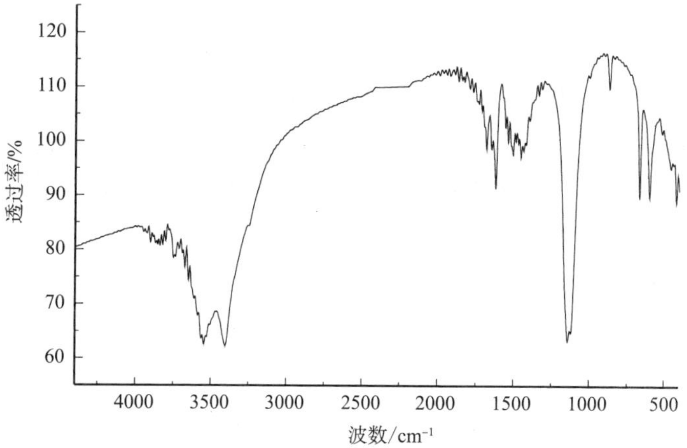


图 4-15　悬浮物红外光谱图

分析图 4-15 所示的谱图中的特征吸收峰，1121.40 $cm^{-1}$为硫酸钙中 $SO_4^{2-}$的伸缩振动吸收峰，1438.64 $cm^{-1}$为 $CaCO_3$中 $CO_3^{2-}$的伸缩振动吸收峰，证明悬浮物主要成分为 $CaCO_3$和 $CaSO_4$混合物。

# 第四节　结垢趋势预测

油田结垢预测模型是一种以油田地层水样、采出水样为研究对象进行水质分析，根据主要成垢离子的含量及结垢主要影响因素而编制的针对油田地层、机采井、注水井、地面集输系统的动态结垢规律的预测系统。通过结垢模型预测油田结垢部位和结垢趋势，可以采取相应的合理措施减少垢的生成，对降低集输系统及注入系统的能耗、优化集输管路、提高油田采收率、减少设备管道的大修及改造费用等有着重要的意义。

## 一、油田主要垢物结垢机理

油田结垢类型复杂，不同油田区块、不同设备部位、不同影响因素影响了垢的种类，结垢种类最为常见的以碳酸盐垢（$CaCO_3$和 $FeCO_3$）、硫酸盐垢（$CaSO_4$、$BaSO_4$、$SrSO_4$等）、硅垢为主。目前油田最为常见、比重最高的是碳酸盐垢和硅垢，较难除去的是硫酸盐垢，以下总结这三种垢质的主要结垢机理。

**1. 油田注入水与地层水配伍性差的原理**

注入水与地层水配伍性差。在开采过程中，为补充地层能量，需要不断从注水井向地层注水驱油。出于成本考虑，注水通常是采用就近水源加入，如地表河流、海水等，而非去离子水，此种水源矿化度高，因此，在注入水与地层水混合过程中，如果注入水所含成分与地层水不配伍便会加速结垢。在油田开采中地下不同水系相混，注入水又和地下水的不同水质相混，导致成垢离子相互补充，不同水质相互排斥，水中悬浮物及机械杂质的增溶性下降、腐蚀产物（FeS、$Fe_2O_3$）、黏土矿物等出现无机沉积物，然后在地层岩石孔隙中产生结垢，堵塞注水通道和产油通道。油田地层水中含有的大量 $CO_3^{2-}$、$HCO_3^-$在碱性条件下可以与钙、镁等金属阳离子反应，从而生成难溶性的碳酸盐，反应方程式如下：

$$Ca^{2+}+CO_3^{2-}=\!=\!=CaCO_3\downarrow$$

$$Mg^{2+}+CO_3^{2-}=\!=\!=MgCO_3\downarrow$$

$$Ca^{2+}+2HCO_3^-\Leftrightarrow Ca(HCO_3)_2\Leftrightarrow CaCO_3\downarrow+H_2O+CO_2\uparrow$$

这些难溶、不溶性的无机盐随三元液进入采出井，并会在设备上结晶、附着沉积成垢。混合过程中，注入水体系离子平衡状态被破坏，随着 $Ca^{2+}$、$HCO_3^-$、$Ca(HCO_3)_2$ 等增加，平衡式向右移动，$CaCO_3$ 增加，达到过饱和状态时，在压力、温度等其他因素不变的情况下析出沉淀。硫酸盐垢在国内外油田普遍存在，特别是在实施注海水、河水开发的油田，注入水中富含的 $SO_4^{2-}$ 与储层中的 $Ba^{2+}$、$Sr^{2+}$ 易形成硫酸盐垢。

**2. 热力学变化原理**

当井下动力学、热力学条件不变时，即使地层水为过饱和溶液且有不相容离子，也会处于稳定的状态。而在油田生产过程中，温度下降、压力上升时矿化度高的水容易结垢，但钙盐则正好相反。流速变化也易导致油井结垢。实验表明，碳酸盐垢随温度升高溶解度降低，当温度升高时，反应吸热加速碳酸盐垢沉淀析出。

**3. 电荷吸附原理**

由于冲刷作用，固相表面因失去部分阳离子而带负电，加上孔壁的微观粗糙表面，易构成引力场，形成吸附中心，吸引和促使微晶产生引起结垢，同时地层高温、高压条件为不平衡状态提供了热力学条件促进垢质生成。

**4. 硅胶凝聚原理**

硅垢的形成与碳酸盐垢、硫酸盐垢相比较为复杂。地层岩矿物与碱剂、黏土矿物反应生成的 $H_2SiO_4^{2-}$（硅酸根离子）会在一定条件下存在水解和电离平衡，反应式如下所示：

$$H_4SiO_4 \Leftrightarrow H^+ + H_3SiO_4^- \Leftrightarrow 2H^+ + H_2SiO_4^{2-}$$

在弱碱性或中性条件下，一价离子（$H_3SiO_4^-$）与原硅酸分子（$H_4SiO_4$）可以通过四配位数的氧联反应形成二聚体，反应式如图 4-16 所示。

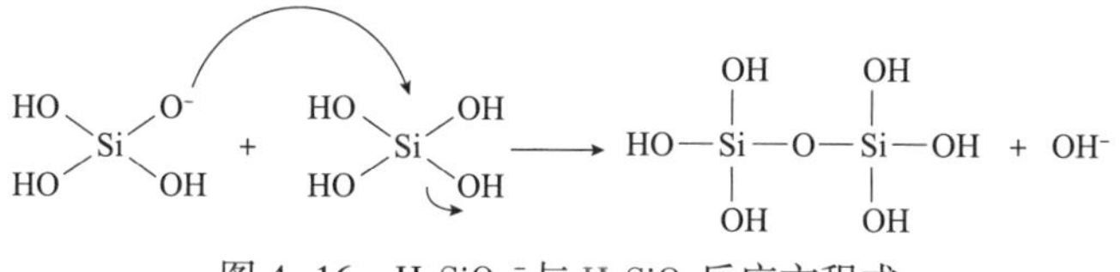


图 4-16　$H_3SiO_4^-$ 与 $H_4SiO_4$ 反应方程式

图 4-16 中反应生成的原硅酸分子（离子）与可溶性硅酸二聚体及其他二聚体可通过氧联反应进一步聚合，最终形成硅胶颗粒。而硅胶颗粒脱水后又形成二氧化硅颗粒，随着采出液进入近地层、采出井及集输管道沉积成垢。

## 二、油田结垢模型预测方法

由于油田不同种类的垢物形成的机理不同造成对成垢影响因素认识的不一致，加上科研人员对结垢机理的不断研究，就形成了各种类型的预测技术，并建立了相应的结垢预测数学模型，加上实际应用过程中的不断完善，预测结果逐渐与油田现场成垢类型、结垢部位相吻合。

通过研究结垢机理和建立预测模型，国内外专家学者得到了一系列有效、有针对性的结垢预测技术，如表 4-14 所示。

**表 4-14 结垢预测技术**

| 垢质类型 | 预测模型 |
|---|---|
| 单一 $CaCO_3$ 垢 | Langlier 饱和指数法、Davis-Stiff 饱和指数法、Ryznar 稳定指数法、Vetter 预测方法、John 预测方法 |
| 单一 $CaSO_4$ 垢、<br>单一 $BaSO_4$ 垢、<br>单一 $SrSO_4$ 垢 | Skillman 热力学溶解度法预测硫酸钙垢、计算机模型 EQ3NR/EQ6 预测硫酸钡垢、Jacques 预测方法预测硫酸锶垢、Pitzer 方程预测硫酸盐垢 |
| 混合垢 | Oddo-Tomson 饱和指数法、饱和系数法<br>神经网网络用于预测地面集输管道结垢趋势 |

### 1. Langelier 饱和指数法

1936 年，Langlier 根据 $CaCO_3$ 的溶解平衡原理提出了有名的饱和指数法。

$$SI=\mathrm{pH}-\mathrm{pH_s}=\mathrm{pH}-[p(\mathrm{K_2}')-p(\mathrm{K_s}')+p(\mathrm{Ca^{2+}})+p(\mathrm{Alk})] \tag{4-1}$$

式中 $SI$——饱和指数；

pH——水的实际 pH 值；

$\mathrm{pH_s}$——水体系中 $CaCO_3$ 饱和状态下的 pH 值；

$p(\mathrm{K_2}')$、$p(\mathrm{K_s}')$——经验常数；

$p(\mathrm{Ca^{2+}})=-\lg C(\mathrm{Ca^{2+}})$；

$p(\mathrm{Alk})=-\lg[2C(\mathrm{CO_3^{2-}})+C(\mathrm{HCO_3^-})]$。

判断标准：$SI<0$，$CaCO_3$ 欠饱和状态，不结垢；$SI=0$，$CaCO_3$ 固液平衡状态，无结垢趋势；$SI>0$，$CaCO_3$ 饱和状态，有结垢趋势。

Langelier 饱和指数法是目前文献可查的最早的影响力最深远的预测模型，其推导过程中有假设条件，且忽略了含盐量、压力及除 $HCO_3^-$ 和 $OH^-$ 以外的其他碱度的影响，导致 $\mathrm{pH_s}$ 存在一定误差，而且受温度、浓缩倍数等因素影响，应用有一定局限性。

**2. Davis-Stiff 饱和指数法**

1952 年，Davis 和 Stiff 将 Langelier 饱和指数法应用到油田，并对系统中热力学条件进行了考虑，得到的预测公式如下所示：

$$SI = pH - pH_s = pH - [K + p(Ca^{2+}) + p(Alk)] \tag{4-2}$$

$$p(Alk) = \lg\{1/[2C(CO_3^{2-}) + C(HCO_3^-)]\} \tag{4-3}$$

$$u = 1/2(c_1 z_1^2 + c_2 z_2^2 + \cdots + c_i z_i^2) \tag{4-4}$$

式中　$SI$——饱和指数；

pH——水样的 pH 值；

$pH_s$——水体系中 $CaCO_3$ 饱和状态下的 pH 值；

$K$——修正系数，由离子强度和水温关系曲线查得；

$p(Ca^{2+})$——$Ca^{2+}$ 浓度的负对数；

$p(Alk)$——总碱度的负对数；

$u$——离子强度；

$c_i$——离子浓度，mol/L；

$z_i$——离子价数。

当 $SI<0$ 时，碳酸盐为欠饱和状态，不结垢；当 $SI=0$ 时，碳酸盐为固液平衡状态，无结垢趋势；当 $SI>0$ 时，碳酸盐为饱和状态，有结垢趋势。

该方法只适用于离子强度小于 6.0、温度为 0～100℃、pH 值为 5.5～8.5 的体系，而且由于饱和指数不能区别总碱度和钙离子对结垢趋势的影响，应用受到一定限制。不过这种方法也因较为简单快捷，所以应用较广。

**3. Oddo-Tomson 饱和指数法**

Oddo-Tomson 利用 pH 值计算 $SI$ 值，计算公式如下：

$$SI = \lg[C(Ca^{2+})C(HCO_3^-)] + pH - 2.76 + 9.88\times10^{-3}\times(1.8t+32) + 6.1\times10^{-7}\times(1.8t+32)^2 - 4.3935\times10^{-3}P - 2.348S_i^{1/2} + 0.770S_i \tag{4-5}$$

式中　$C(Ca^{2+})$——钙离子浓度，mol/L；

$C(HCO_3^-)$——离子浓度，mol/L；

$t$——温度，℃；

$P$——绝对压力，MPa；

$S_i$——离子强度，mol/L。

该式在有无气相存在时均可使用，pH 值的测定要采用高温高压 pH 电极在流动盐水中直接测定。因为采集水样过程中会发生脱气，使水样中的多种成分与氧接触，发生化学反应，改变 pH 值，使计算产生误差，导致预测不可靠。

**4. Ryznar 稳定指数法**

罗兹(Ryznar)根据饱和指数法、现场应用实际情况和运行结果总结提出了稳定指数概念，预测如下：

$$SAI=2[K+p(Ca^{2+})+p(Alk)]-pH \tag{4-6}$$

式中　$SAI$——稳定指数。

当 $SAI$ 为 4.0~5.0 时严重结垢；$SAI$ 为 5.0~6.0 时轻度结垢；$SAI$ 为 6.0~7.0 时轻微结垢或腐蚀；$SAI$ 为 7.0~7.5 时轻度腐蚀；$SAI$>7.5 时严重腐蚀。

水的结垢或腐蚀情况可通过该法半定量表示。当 $SAI$ 为 2~7 时，$CaCO_3$的沉淀量($W$，单位为 mg/L)的估算公式为：

$$W=44700/SAI^{4.78} \tag{4-7}$$

式(4-7)为 Ryznar 经验指数公式，其比饱和指数更符合油田实际情况，但两者都只考虑了 $CaCO_3$一种物质的溶解平衡，未考虑压力、混合垢等影响因素，所以也有一定的局限性。

**5. $CaCO_3$最大结垢量预测方法**

现在常用生成 $CaCO_3$垢的最大数量预测公式(Valone 和 Skillern 提出)来预测 $CaCO_3$最大结垢量，计算如下：

$$W=[C-(X^2+4\times10^{k-pH})^{0.5}]/2 \tag{4-8}$$

式中　$C$、$X$——离子浓度，$C=C(Ca^{2+})+C(HCO_3^-)$，$X=C(Ca^{2+})-C(HCO_3^-)$，mol/L。

## 三、$CaCO_3$结垢趋势预测

饱和指数法只能判断是否有结垢趋势，对具体结垢程度和结垢量无法预测，所以一般使用稳定指数法和最大结垢量预测方法来预测 $CaCO_3$结垢趋势及结垢量。

根据油田水结垢趋势预测方法行业标准(SY/T 0600—2009)，首先计算稳定指数 $SAI$ 值；再根据生成 $CaCO_3$垢的最大数量预测公式来预测 $CaCO_3$最大结垢量，通过其大小来判断 $CaCO_3$的结垢趋势，指数计算公式如式(4-9)和式(4-10)所示，最大数量预测公式如式(4-11)所示。

$$SAI=2[K+p(Ca^{2+})+p(Alk)]-pH \tag{4-9}$$

$$p(Alk)=-lg[C(CO_3^{2-})+C(HCO_3^-)] \tag{4-10}$$

$$PTB=17500\times[C-(X^2+4\times10^{K-pH})^{0.5}] \tag{4-11}$$

式中　$SAI$——稳定指数；

pH——水样 pH 值；

$K$——修正系数，由离子强度与水稳定的关系曲线查得；

$p(Ca^{2+})$——$Ca^{2+}$浓度的负对数；

$p(Alk)$——总碱度的负对数；

$PTB$——$CaCO_3$最大结垢量预测值，无因次；

$C$、$X$——离子浓度，$C=C(Ca^{2+})+C(HCO_3^-)$，$X=C(Ca^{2+})-C(HCO_3^-)$ mol/L。

判定标准如下：稳定指数 $SAI$ 不仅能判断是否有 $CaCO_3$结垢，而且能大致判断其结垢严重程度，当 $SAI$ 为 4.0~5.0 时严重结垢；$SAI$ 为 5.0~6.0 时轻度结垢；$SAI$ 为 6.0~7.0 时轻微结垢或腐蚀；$SAI$ 为 7.0~7.5 时轻度腐蚀；$SAI>7.5$ 时严重腐蚀。$CaCO_3$结垢量预测标准如表 4-15 所示。

**表 4-15　$CaCO_3$结垢量预测标准**

| $PTB$ 值范围 | $PTB<0$ | $0<PTB<100$ | $100<PTB<250$ | $PTB>250$ |
|---|---|---|---|---|
| 结垢预测结果 | 无垢 | 产生少量垢 | 垢多且硬 | 结垢极为严重 |

此前注入流体与地层流体配伍性实验中采用采出水 1 作为实验样品，因此为保持实验前后一致性，此处地层水结构预测也使用采出水 1 作为实验样品，采出水 1 的离子浓度检测结果如表 4-16 所示。

**表 4-16　采出水 1 的离子浓度检测结果**

| 介质 | $Cl^-$/(mg/L) | $Ca^{2+}$/(mg/L) | $Mg^{2+}$/(mg/L) | $Na^+$/(mg/L) | $K^+$/(mg/L) | $SO_4^{2-}$/(mg/L) | $HCO_3^-$/(mg/L) | pH 值 | 矿化度/(mg/L) |
|---|---|---|---|---|---|---|---|---|---|
| 采出水 | 15923.1 | 4514.3 | 102.4 | 4934.8 | 17.2 | 169.4 | 176.6 | 6.88 | 25039.0 |

根据表 4-16 中离子含量分析结果，可以计算出地层矿化度。

长 6 油层的地层温度为 24.6~27.5℃，查询图 4-17，可得 $K=3.25$。计算稳定指数 $SAI$ 值和最大结垢量 $PTB$ 值如下：

$$p(Ca^{2+})=\log\frac{1000}{4514.3140/40}=0.9475;$$

$p(Alk)=2.5383$；

$pH=6.88$；

$SAI=2(3.25+0.9475+2.5383)-6.88=6.5916>6$；地层水轻微结垢或腐蚀。

$W=44700/SAI^{4.78}=44700/6.5916^{4.78}=5.44$(mg/L)；

$C=C(Ca^{2+})+C(HCO_3^-)=4514.3140/40/1000+176.6/61/1000=0.1157$；

$X=C(Ca^{2+})-C(HCO_3^-)=4514.3140/40/1000-176.6/61/1000=0.1099$；

$PTB=17500\times[0.1157-(0.1099^2+4\times10^{3.25-6.88})^{0.5}]=84$；所以地层水将会有少量 $CaCO_3$ 结垢。

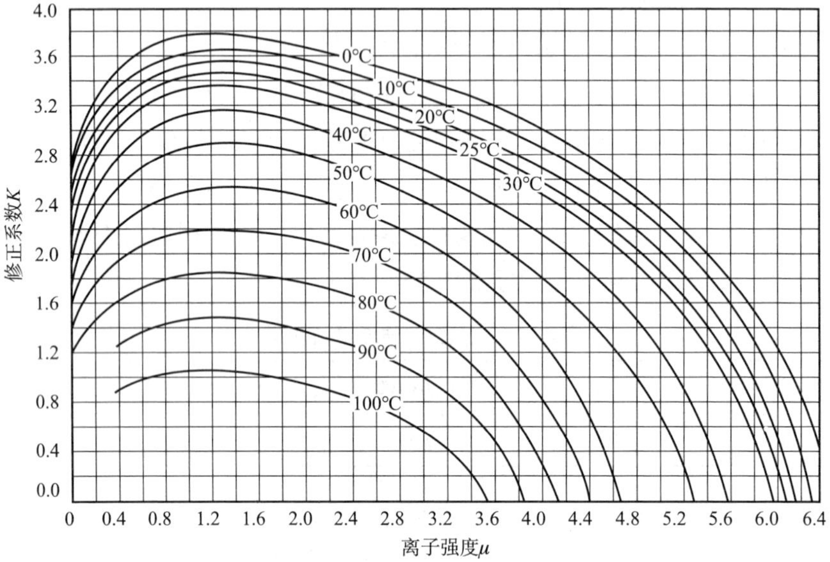


图 4-17　不同温度时离子强度与 $CaCO_3$ 修正系数 $K$ 的关系图版

## 四、$CaSO_4$ 结垢趋势预测

按照公式(4-12)计算 $S$ 值，然后根据 $S$ 值与 $C$ 值大小关系判断硫酸钙结垢趋势。

$$S=1000\left(\sqrt{X^2+4K_{sp}}-X\right) \tag{4-12}$$

式中　$S$——$CaSO_4$ 结垢趋势预测值，mmol/L；

$K$——修正系数，由水的离子强度和温度的关系曲线图版中查得；

$X$——$Ca^{2+}$ 与 $SO_4^{2-}$ 的浓度差，mol/L；

$C$——水中 $CaSO_4$ 的实际含量，mmol/L，$C$ 值即 $Ca^{2+}$ 与 $SO_4^{2-}$ 浓度的最小值。

判断标准如下：当 $S<C$ 时，地层水有结垢趋势；当 $S=C$ 时，地层水处于临界状态；当 $S>C$ 时，地层水无结垢趋势。

长 6 油层的地层温度为 24.6~27.5℃，查询图 4-18，可得 $K=12.2\times10^{-4}$。

$X=C(Ca^{2+})-C(SO_4^{2-})=0.11109$mol/L；

$S=1000(\sqrt{0.11109^2+4\times12.2\times10^{-4}}-0.11109)=20.139\text{mmol/L}$;

$C=1.764\text{mmol/L}$;

$S>C$，地层水无硫酸钙结垢趋势。

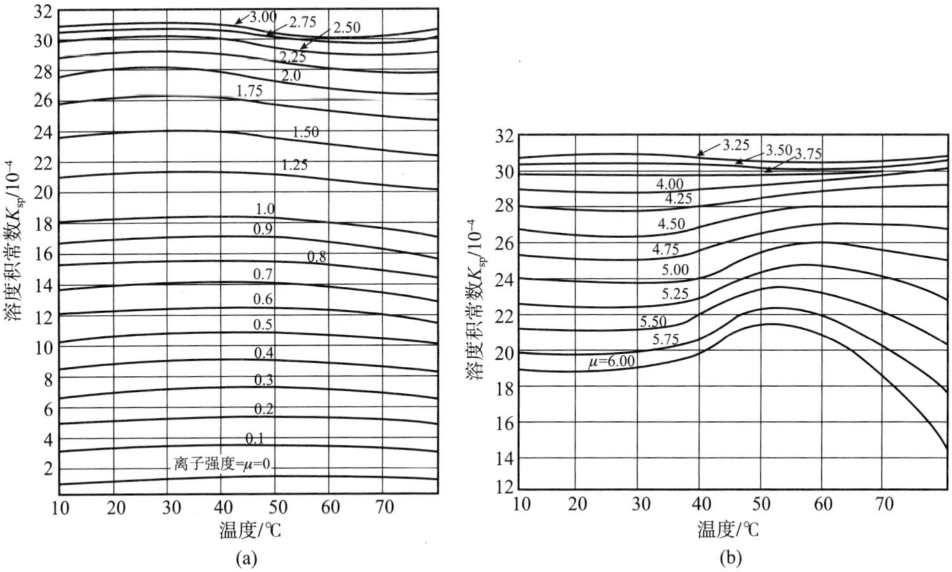


图 4-18 不同离子强度时硫酸钙的溶度积常数与温度的关系图版

# 第五章　油藏地质特征及储层敏感性

鄂尔多斯盆地位于华北地块西部，是广义的中朝板块的一部分，同时也是发育在华北克拉通之上的一个多旋回叠合型盆地，是我国形成历史最早、演化时间最长的沉积盆地，同时也是我国陆上第二大沉积盆地和重要的能源基地。

甘谷驿油田所处的区域构造单元属鄂尔多斯盆地陕北斜坡东南部。陕北斜坡又称伊陕斜坡，分布范围广，为一向西倾斜的平缓大单斜，地层产状平缓，地层倾角不足1°，平均坡降为8～10m/km。斜坡内构造活动微弱，不发育大型的断层和褶皱，缺乏有利于油气聚集的二级构造带和构造圈闭。小范围内由于差异压实作用形成一系列幅度较小的鼻状隆起，这些隆起与小层砂体配合对油气富集起一定的控制作用。该区勘探目的层为上三叠统延长组长6油层组。

甘谷驿油田为延长石油股份有限公司所辖22个油田之一，地处陕西省延安市宝塔区和延长县境内，东与王家川油田相邻，南与七里村油田毗邻，西与青化砭油田接壤，北与青平川油田相望；平均地面海拔为1100～1580m，相对高差为150～250m左右；地表为第四系黄土覆盖，厚度为100～200m；地形复杂，沟壑纵横，属于典型的黄土高原地貌；气温变化大，四季分明，常年少雨，属于内陆干旱型气候。

## 第一节　勘探开发现状

甘谷驿油田唐80井区位于油田西南部(图5-1)，其范围东起唐76井，西至丛59井，南到丛68井，北抵唐83井，东西长约4km，南北宽约3.6km，总面积14.4$km^2$，除去东南角七里村油矿管辖区，甘谷驿油矿实际控制面积为11.744$km^2$。该区属陕北黄土塬区，地形起伏不平，为黄土梁、峁地貌，地面海拔为 895~1185m，最大相对高差近 300m。该油田勘探始于 1987 年，2000 年后大规模采用丛式井同步注水开发，目前已钻探井 5 口，开发井 188 口，是延长油矿管理局开辟的同步注水开发试验区之一。

唐 80 井区采用不规则反九点法井网同步注水开发，2001~2003 年大规模投产。唐 80 井区为 2002 年开始进行注水开发的区域，实施不规则反九点面积注水开采，水驱控制面积 17.84$km^2$，注入水水源为延河水，目前有 1 座(丛 34)注水站，12 座配水间，注水井 105 口(含 8 口注空气、泡沫井)，开发井 103 口，丛 34 注水站设计日处理水能力为 800$m^3$，日配注量 350$m^3$，实际日平均注水量 280$m^3$，年注水量 $9.9\times10^4m^3$。唐 80 井区受益于该开发方式的采油井 500 口，开发井 484 口，月采油量 4651.9t，平均单井日产液 0.72$m^3$，日产油 0.38t，综合含水率 36.13%，累积注采比 0.56，目前地层压力为 1.73MPa。

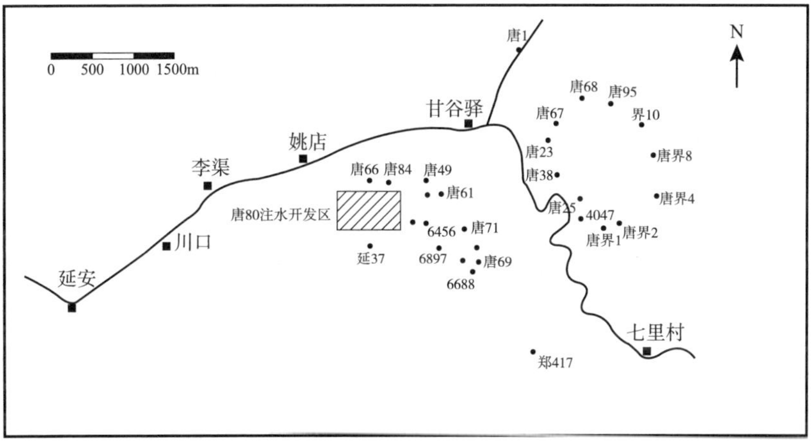


图 5-1 甘谷驿油田唐 80 井区位置示意图

唐 80 井区 2007 年 9 月引进空气泡沫驱油技术，同时在丛 54、丛 55 两口注水井开展试验，鉴于丛 54 井、丛 55 井注空气泡沫开发效果，2010 年甘谷驿油田立项扩大注空气泡沫试验规模，由原来的 2 组井调整到 8 组井。2011 年 10 月 6 日丛 34 注空气泡沫站完工并投运，截至 2011 年 12 月底，8 口井累计注入泡沫液 5732.79$m^3$，年累计注入 2225.53$m^3$，累计注入空气 2256.24$m^3$（10~12.5MPa），年累计注入 672$m^3$(12.5MPa)，平均注泡沫液压力为 8.9MPa，注空气压力为 12.5MPa。

# 第二节 储层岩石学特征

## 一、岩性类型

前人研究表明，长 6 储层以细粒长石砂岩为主，少量中—细粒长石砂岩(图 5-2、图 5-3)，从图 5-4 中岩石扫描电镜的全貌可以看出，颗粒大小为 10～100μm。长 6 砂岩中各组分含量平均为石英 21.8%，长石 53.8%，岩屑 5.1%，岩性主要为变质岩岩屑，其次为沉积岩屑及岩浆岩屑，黑云母含量平均为 6.6%；重矿物含量较少，为 0.8%，主要有稳定组分锆石、石榴子石，稳定性较差的组分磷灰石、黄铁矿[图 5-5(a)]、绿帘石和较稳定的榍石等，填隙物(长石、石英、杂基等)含量 8.7%；杂基含量平均为 1.9%，胶结物主要由绿泥石、方解石、浊沸石、伊利石及石英和长石的次生加大组成，浊沸石为长 6 油层组中主要的胶结物，变化较大，含量平均为 0.4%，有的样品高达 6%。

总体来看，长 6 油层矿物成分成熟度低，结构成熟度较高，分选性较好，指示较低稳定性的沉积环境，后期成岩作用十分强烈，使得长 6 油层成为低孔隙度、超低渗透率致密砂岩储层。

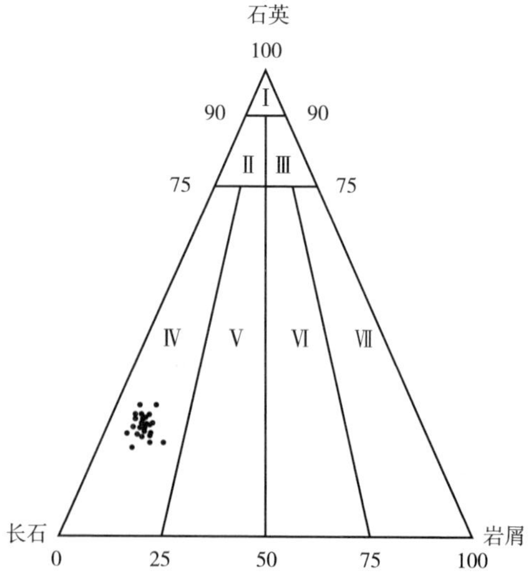


图 5-2 甘谷驿油田长 6 砂岩岩石类型

Ⅰ—石英砂岩；Ⅱ—长石石英砂岩；Ⅲ—岩屑石英砂岩；Ⅳ—长石砂岩；Ⅴ—岩屑长石砂岩；Ⅵ—长石岩屑砂岩；Ⅶ—岩屑砂岩

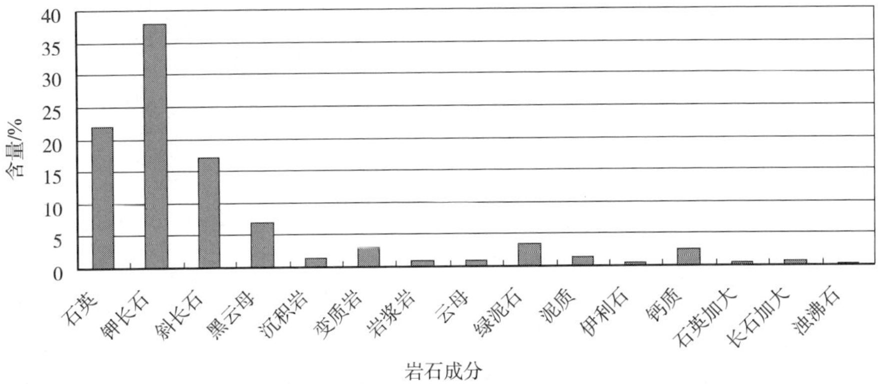


图 5-3　长 6 砂岩岩石成分图(据刘东，2011)

(a)岩心 K1(10~50μm)颗粒磨圆度较好

(b)岩心 K3(10~50μm)颗粒均匀

(c)岩心 K4(10~50μm)颗粒致密

(d)岩心 K6(50~100μm)颗粒不均匀

图 5-4　唐 80 井区长 6 储层岩石全貌

(a)莓状的黄铁矿，粒径大小为 30μm　　(b)规则的四面体石英，粒径大小为 20μm

图 5-5　唐 80 井区长 6 岩石类型

## 二、成分特征

岩石矿物成分中陆源碎屑质量分数平均为 88.4%，其中石英为 17.5%~23%，平均为 19.1%；长石为 51%~60%，平均为 56.9%，长石组分以钾长石为主，其次为斜长石；云母含量为 0.5%~6%，平均为 3.5%。填隙物主要为浊沸石、黏土矿物和方解石，浊沸石含量较多，平均为 7.4%。黏土矿物含量(表 5-1)为 2.89%~4.34%，平均为 3.63%，主要为绿泥石、伊利石和伊/蒙间层。黏土矿物多沿矿物颗粒边缘呈栉壳状分布或呈孔隙衬边式产出。采用美国 TERRA 公司粉末 X 射线衍射仪对七个样品的岩石组分进行分析，其中四个样品的全岩 XRD 图谱如图 5-6 所示。

**表 5-1　黏土矿物 X 射线衍射分析结果**

| 样号 | 黏土矿物相对含量/% | | | | 间层比(S/%) | 黏土矿物绝对含量/% |
|---|---|---|---|---|---|---|
| | 伊利石(I) | 高岭石(K) | 绿泥石(C) | 伊/蒙间层(I/S) | | |
| K1 | 24.32 | — | 73.52 | 2.16 | 10 | 3.56 |
| K2 | 36.92 | — | 62.12 | 0.96 | 10 | 3.78 |
| K3 | 34.2 | — | 65.70 | 0.10 | 15 | 2.89 |
| K4 | 36.25 | — | 62.88 | 0.87 | 10 | 3.56 |
| K5 | 34.01 | — | 65.89 | 0.10 | 10 | 3.07 |
| K6 | 20.86 | — | 77.80 | 1.34 | 10 | 4.34 |
| K7 | 37.49 | — | 58.95 | 3.56 | 10 | 4.23 |

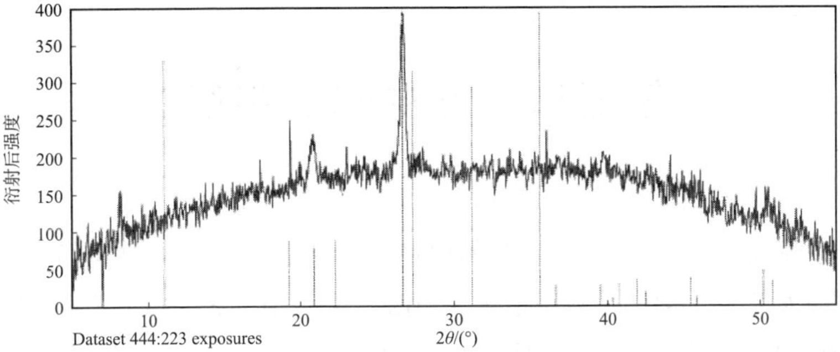


(a)K4

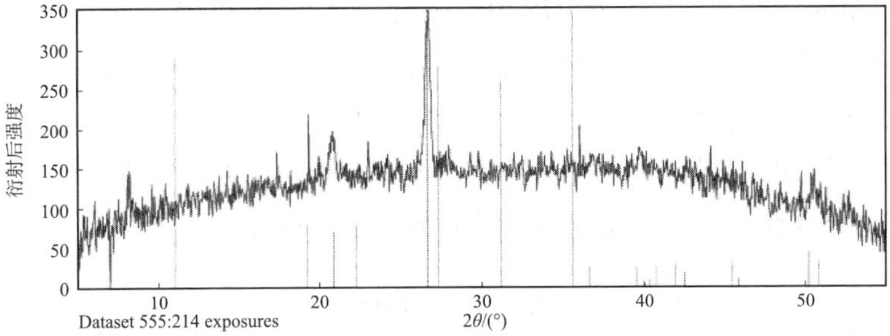


(b)K5

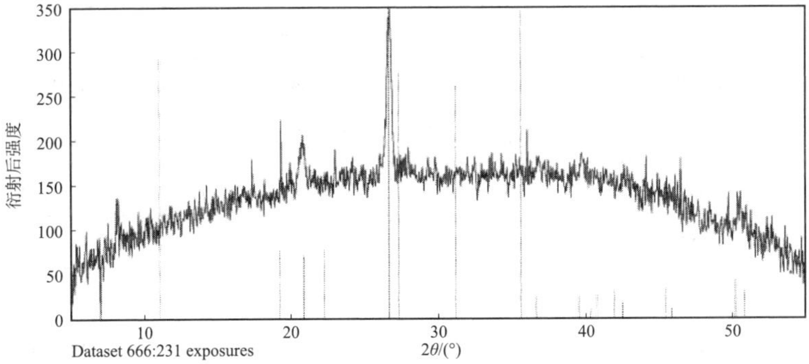


(c)K6

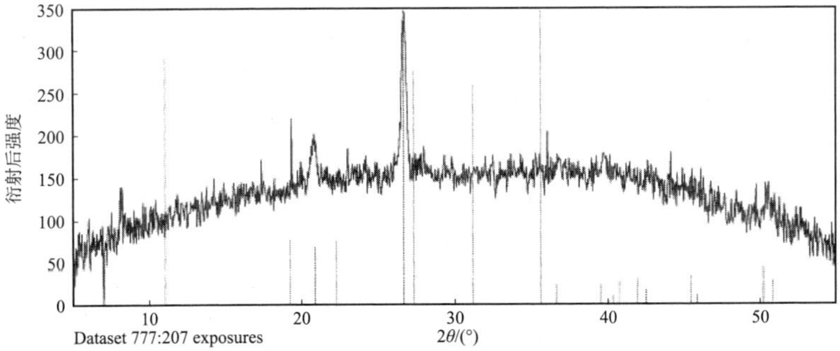


(d)K7

图 5-6　全岩 X 射线衍射图谱

# 第三节　储层物性特征

对甘谷驿油田长6储层50口井的电测解释资料中储层物性的分析表明：储层孔隙度最大值为9.41%，最小值为3.76%，平均值为5.88%；孔隙度主要分布范围为5%～8%，主频分布范围为5%～7%。该区长6储层渗透率最大值为$0.106\times10^{-3}\mu m^2$，最小值为$0.0207\times10^{-3}\mu m^2$，平均值为$0.057\times10^{-3}\mu m^2$；渗透率的分布范围较宽，主频不如孔隙度集中。渗透率主要分布范围为$0.0207\times10^{-3}$～$0.05\times10^{-3}\mu m^2$。结合该区块的前期研究结果并与邻区比较认为，甘谷驿油田长6储层属于特低渗的储层。对取自现场的长6储层的岩样进行分析，结果如表5-2所示，其储层物性特征与有关资料提供的数据基本吻合。

**表5-2　岩心孔隙度和渗透率测试结果**

| 岩样编号 | 长度/cm | 直径/cm | 孔隙度/% | 气测渗透率/($10^{-3}\mu m^2$) |
|---|---|---|---|---|
| 1-1 | 2.894 | 2.428 | 5.31604 | 0.0352 |
| 1-2 | 3.062 | 2.438 | 5.16841 | 0.0329 |
| 2-1 | 2.854 | 2.442 | 5.5134 | 0.0391 |
| 2-2 | 3.176 | 2.428 | 3.7885 | 0.0207 |
| 3-1 | 2.62 | 2.432 | 9.40694 | 0.1060 |
| 3-2 | 2.942 | 2.426 | 7.60623 | 0.0289 |
| 4-1 | 2.248 | 2.438 | 3.76897 | 0.0208 |
| 4-2 | 1.818 | 2.452 | 3.77275 | 0.0209 |
| 5-1 | 2.810 | 2.428 | 4.222046 | 0.0243 |
| 5-2 | 2.968 | 2.426 | 5.224475 | 0.0324 |
| 6-1 | 3.762 | 2.438 | 6.829997 | 0.0582 |
| 6-2 | 2.524 | 2.438 | 7.146763 | 0.0626 |
| 7-1 | 2.950 | 2.442 | 7.40383 | 0.0681 |
| 7-2 | 3.024 | 2.428 | 7.21238 | 0.0655 |

# 第四节　储层孔隙结构特征

## 一、储集空间类型及组合

根据岩矿薄片、铸体薄片及扫描电镜等分析结果认为，唐 80 井区长 6 储层中孔隙以小孔隙(平均孔径 10~50μm)为主，中孔隙(平均孔径 50~100μm)次之。其主要储集空间有粒间孔、粒间溶孔和粒内溶孔(长石溶孔、岩屑溶孔)、微裂缝等(表 5-3、图 5-7)。其孔隙度一般为 5%~8%，平均为 6.9%。其中残余粒间孔[图 5-7(b)]在总孔隙中占 30.0%~50.0%，平均达 41.5%，是该区长 6 储层最主要的一种孔隙类型。溶蚀孔隙包括粒间溶孔和粒内溶孔，含量占 20.0%~35.0%，平均为 28.4%，是该区长 6 储层的另一类重要的孔隙类型；粒内溶孔[图 5-7(c)]主要为颗粒本身(长石、岩屑及云母等)发生部分溶解形成或颗粒被交代后交代物局部或全部溶解形成，孔隙大小不等，形态不规则，边缘为台阶状或港湾状，孔径为 20~100μm。这两类孔隙平均占到总孔隙体积的 70%左右，是该区长 6 储层的主要储集空间。另外，微孔隙在长 6 储层也占有较大的比例，平均为 25%左右，最高可达 30%以上，主要是黏土矿物的晶间孔，常被束缚水所占据。

表 5-3　唐 80 井区长 6 储层孔隙构成统计表

| 井号 | 含量/% | | | | 面孔率/% |
|---|---|---|---|---|---|
| | 粒间孔 | 溶蚀孔 | 裂隙孔 | 其他孔 | |
| 唐 81 | 40.6 | 28.1 | 2.0 | 26.6 | 6.9 |
| 唐 82 | 42.0 | 29.3 | — | 31.7 | 6.7 |
| 唐 83 | 40.7 | 25.7 | 3.0 | 22.9 | 7.3 |
| 唐 86 | 43.3 | 27.9 | 2.0 | 23.7 | 7.0 |
| 唐 87 | 39.3 | 30.0 | — | 26.7 | 7.0 |
| 平均值 | 41.5 | 28.4 | 3.1 | 27.0 | 6.9 |

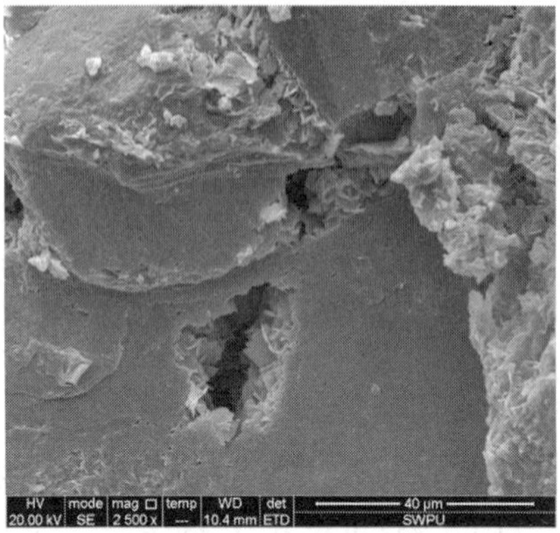


孔径为 40μm 左右，边缘不规则，有岩屑填充

孔径为 20μm 左右，颗粒均匀

(a)粒间孔

次生长石充填使孔径由 40μm 减小到 20μm

残余粒间孔为主，偶见被充填的粒内孔

(b)残余粒间孔，呈不规则状

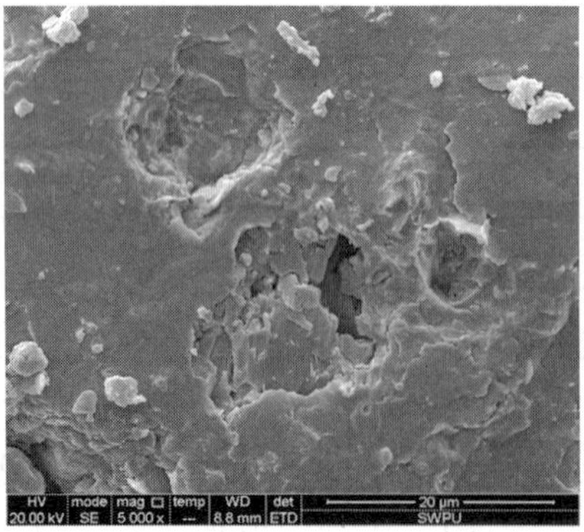


孔径为 20~30μm，有自生长石填充其内

孔径为 10μm 左右，有长石、岩屑填充其内

(c)粒内溶孔

图 5-7　唐 80 井区长 6 储层粒间孔

孔径为20~25μm，充填于溶孔的矿物被溶蚀

孔径为5~15μm，表面长有长石

(d)粒间溶孔

裂缝宽为5μm，自生长石、绿泥石交错其间

裂缝宽为2~5μm，有较多细的黏土矿物

(e)微裂缝，颗粒致密

图5-7　唐80井区长6储层粒间孔(续)

## 二、孔喉分布特征

统计分析唐80井区长6储层孔隙结构参数，结果如表5-4所示。由表5-4可以看出，反应孔喉特征的各种参数变化较大，说明唐80井区长6储层砂岩孔喉分布不均。其中，排驱压力主要为0.28~1.80MPa，对应的最大连通孔喉半径为2.679~0.107μm；饱和度中值压力主要为1.761~8.399MPa，中值半径为0.426~0.089μm；平均孔喉半径主要为0.152~1.007μm，孔喉均值分布范围为0.154~0.853μm；分选系数分布范围为0.11~4.37，相对分选系数分布范围为0.69~5.17；孔喉歪度大于零，分布范围为0.66~11.46；退汞效率较低，一般为12.0%~34.0%。

表 5-4 唐 80 井区长 6 储层孔隙结构参数

| 样号 | 孔隙度/% | 渗透率/($10^{-3}\mu m^2$) | 排驱压力/MPa | 中值压力/MPa | 最大孔喉半径/μm | 中值半径/μm | 平均半径/μm | 均值/μm | 分选系数 | 相对分选系数 | 歪度 | 退汞效率/% |
|---|---|---|---|---|---|---|---|---|---|---|---|---|
| 1 | 6.5 | 0.105 | 1.8 | 8.07 | 0.147 | 0.093 | 0.152 | 0.154 | 0.11 | 0.69 | 1.54 | 15.14 |
| 2 | 8.1 | 0.121 | 1.5 | 8.399 | 0.5 | 0.089 | 0.21 | 0.162 | 0.14 | 0.84 | 1.67 | 23.91 |
| 3 | 7.6 | 0.149 | 1.4 | 5.052 | 0.536 | 0.148 | 0.43 | 0.279 | 0.72 | 2.59 | 10.58 | 21.55 |
| 4 | 7.6 | 0.152 | 1.3 | 7.254 | 0.577 | 0.103 | 0.205 | 0.175 | 0.16 | 0.92 | 2.75 | 18.86 |
| 5 | 7.1 | 0.174 | 1 | 6.644 | 0.75 | 0.113 | 0.236 | 0.228 | 0.18 | 0.81 | 1.43 | 15.29 |
| 6 | 8.3 | 0.18 | 0.5 | 6.434 | 1.5 | 0.117 | 0.631 | 0.468 | 0.43 | 0.93 | 0.93 | 24.21 |
| 7 | 7.4 | 0.193 | 0.7 | 3.994 | 0.107 | 0.188 | 0.384 | 0.333 | 0.31 | 0.93 | 1.74 | 18.56 |
| 8 | 7.2 | 0.203 | 1.2 | 4.515 | 0.625 | 0.166 | 0.297 | 0.265 | 0.21 | 0.79 | 2.23 | 12.01 |
| 9 | 7.4 | 0.216 | 0.7 | 5.947 | 1.071 | 0.126 | 0.434 | 0.376 | 0.46 | 1.22 | 3.32 | 19.22 |
| 10 | 6.4 | 0.224 | 1.2 | 4.523 | 0.625 | 0.166 | 0.31 | 0.271 | 0.2 | 0.75 | 1.42 | 13.5 |
| 11 | 9.3 | 0.233 | 0.4 | 3.146 | 1.875 | 0.238 | 0.641 | 0.516 | 0.5 | 0.97 | 1.34 | 22.07 |
| 12 | 7.9 | 0.251 | 0.6 | 2.865 | 1.25 | 0.262 | 0.5 | 0.845 | 4.37 | 5.17 | 11.46 | 20.98 |
| 13 | 8.8 | 0.311 | 0.7 | 3.121 | 1.071 | 0.24 | 0.371 | 0.332 | 0.27 | 0.81 | 1.44 | 23.05 |
| 14 | 8.6 | 0.317 | 0.6 | 2.688 | 1.25 | 0.279 | 0.521 | 0.456 | 0.45 | 1 | 2.8 | 26.75 |
| 15 | 10.0 | 0.356 | 0.5 | 2.757 | 1.5 | 0.272 | 0.73 | 0.558 | 0.48 | 0.87 | 1 | 23.4 |
| 16 | 9.6 | 0.393 | 0.47 | 2.52 | 1.596 | 0.298 | 0.581 | 0.538 | 0.48 | 0.9 | 2.01 | 23.29 |
| 17 | 9.6 | 0.46 | 0.28 | 2.97 | 2.679 | 0.253 | 1.007 | 0.812 | 0.87 | 1.08 | 2.04 | 23.68 |
| 18 | 8.9 | 0.468 | 0.5 | 1.761 | 1.5 | 0.426 | 0.59 | 0.553 | 0.4 | 0.72 | 0.69 | 22.51 |
| 19 | 9.1 | 0.718 | 0.5 | 1.982 | 1.5 | 0.378 | 0.611 | 0.567 | 0.41 | 0.73 | 0.66 | 33.87 |
| 20 | 8.5 | 0.937 | 0.3 | 2.272 | 2.5 | 0.33 | 1.001 | 0.853 | 0.74 | 0.87 | 1.07 | 32.37 |

# 第五节 储层流体特征

## 一、地层水及注入水性质

依据有关分析测试标准对甘谷驿油田的地层水及注入水水质进行室内实验分析其组分，具体分析结果见第 2.1 节内容。水分析结果表明，该区长 6 层的地层水表现为弱酸性，pH 值分布范围为 6.0~7.0，水型为 $CaCl_2$ 型，反映长 6 油藏封闭性较好。地层水的总矿化度为 25039.0~25473.6mg/L，其中钙离子含量高，可达 4514.3mg/L，钙离子含量高是该区块地层水最主要的特征。若采用地表水注入油层，则注入水矿化度较低，为 171.6mg/L，水型为 $NaHCO_3$ 型。可以看出，该区块地层水具有较强的结 $CaCO_3$ 垢的趋势。

## 二、原油性质

据唐 82-唐 69 井区 8 口井原油常规分析测试结果（表 5-5、表 5-6），该区长 6 油层原油密度、黏度及含硫量等均变化不大，属低密度、低黏度、低凝固点、微含硫的常规陆相黑油；原油密度为 0.821～0.828g/cm³，平均为 0.824g/cm³；黏度为 2.7～3.95mPa·s（50℃），平均为 3.37mPa·s（50℃），凝固点为-3～10℃，平均为 4.5℃；含硫量为 0.056%～0.21%，平均为 0.15%；初馏点为 62.4~86.1℃，平均为 78.9℃；含盐量变化较大，为 5.0~169mg/L。从 9 井的原油性质分析表明，该区饱和烃为 61.24%，芳香烃为 9.82%，非烃为 2.07%，沥青质为 0.26%，含蜡量为 3.62%，原油性质好，在井筒和近井地层不容易产生蜡质和沥青质沉积。

地层原油的性质：根据延长油田郑庄区郑 417 井长 6 油层原油高压物性分析资料，原油体积系数为 1.036，原始气油比为 11.2m³/t，地层原油黏度为 4.29mPa·s（25℃），溶解系数为 8.75m³/MPa。

表 5-5　从 9 井原油性质分析

| 密度（20℃）/（g/cm³） | 运动黏度（50℃）/（mPa·s） | 凝固点/℃ | 含蜡/% | 饱和烃/% | 芳烃/% | 非烃/% | 沥青质/% |
|---|---|---|---|---|---|---|---|
| 0.8271 | 4.00 | -3 | 3.62 | 61.24 | 9.82 | 2.07 | 0.26 |

表 5-6　长 6 油层（唐 82-唐 69 井区）原油物性常规分析结果

| 井号 | 密度/（g/cm³） | 黏度（50℃）/（mPa·s） | 凝固点/℃ | 含硫/% | 含盐量/（mg/L） | 初馏点/℃ |
|---|---|---|---|---|---|---|
| 丛 13-1 | 0.823 | 3.63 | 6 | 0.187 | 95 | 85.5 |
| 丛 51-8 | 0.827 | 2.70 | 9 | 0.200 | 169 | 83.5 |
| 丛 57-6 | 0.821 | 3.45 | 8 | 0.122 | 5.0 | 79.7 |
| 丛 58-1 | 0.828 | 3.82 | 0 | 0.114 | 16 | 86.1 |
| 唐 81 | 0.827 | 3.95 | 0 | — | 11 | 83.1 |
| 8261 | 0.823 | 3.87 | 3 | 0.21 | 202 | 70.9 |

续表

| 井号 | 密度/(g/cm³) | 黏度(50℃)/(mPa·s) | 凝固点/℃ | 含硫/% | 含盐量/(mg/L) | 初馏点/℃ |
|---|---|---|---|---|---|---|
| 6441 | 0.825 | 2.7 | 10 | 0.147 | 33 | 80.2 |
| 唐82 | 0.821 | 2.88 | 0 | 0.056 | 34 | 62.4 |
| 平均值 | 0.824 | 3.37 | 4.5 | 0.15 | 70.6 | 78.9 |

## 三、天然气性质

甘谷驿油田长6油藏油井伴生气主要表现为湿气特征(表5-7)，其中甲烷含量为62.04%~72.46%，平均为66.48%；重烃含量为23.45%~33.09%，平均为28.86%；$N_2$含量为0.029%~1.060%，平均为0.605%；干燥系数为0.66~0.76，平均为0.70；天然气相对密度为0.84~0.96，平均为0.90；视临界压力为45.182kPa；视临界温度为240.289℃。

表5-7 长6油藏(唐82-唐69井区)伴生气组分数据

| 井号 | $CH_4$ | $C_2H_6$ | $C_3H_8$ | $C_4H_{10}$ | $C_4H_{10}$ | $C_5H_{12}$ | $C_5H_{12}$ | $C_6H_{14}$ | $C_6H_{14}$ | $N_2$ | 相对密度 | 视临界压力/kPa | 视临界温度/℃ |
|---|---|---|---|---|---|---|---|---|---|---|---|---|---|
| 唐57 | 62.03 | 9.99 | 16.12 | 2.44 | 8.989 | 1.193 | 1.422 | 0.391 | 0.302 | 0.028 | 0.96 | 45.036 | 250.904 |
| 唐81-6 | 72.44 | 8.64 | 11.34 | 1.46 | 3.534 | 0.858 | 0.994 | 0.341 | 0.272 | 0.07 | 0.84 | 45.733 | 232.479 |
| 丛35-4 | 66.79 | 8.77 | 13.44 | 1.87 | 4.444 | 4.164 | 1.549 | 0.424 | 0.327 | — | 0.90 | 45.037 | 240.206 |
| 丛48-4 | 68.13 | 8.44 | 12.58 | 1.84 | 4.611 | 1.033 | 1.159 | 0.358 | 0.302 | 0.988 | 0.88 | 45.163 | 236.481 |
| 从56-5 | 62.18 | 11.83 | 14.44 | 1.87 | 4.69 | 1.049 | 1.357 | 0.4 | 0.283 | 1.059 | 0.91 | 45.015 | 243.972 |
| 丛34-3 | 67.27 | 8.94 | 12.63 | 1.82 | 4.599 | 1.194 | 1.45 | 0.371 | 0.359 | 0.879 | 0.89 | 45.069 | 237.69 |
| 平均值 | 66.48 | 9.43 | 13.43 | 1.88 | 5.145 | 1.082 | 1.322 | 0.381 | 0.308 | 0.605 | 0.90 | 45.182 | 240.289 |

# 第六节　储层温压系统特征

根据唐82-唐69井区的温压实测资料，该区长6油层的地层温度为24.6~27.5℃，地温梯度为2.61~3.10℃/100m，地层压力为4.016~5.812MPa，压力系数为0.92~0.94，压力梯度为9.70~9.86kPa/m，同时参考延长油田郑417井高压物性资料，饱和压力为1.12MPa，判断该区属常温低压系统油藏。

# 第七节　储层敏感性分析

甘谷驿油田现行注水过程中出现了注水压力升高、注水井吸水指数下降和吸水剖面变差等问题。究其原因为不合格注入水的长期注入导致储层伤害、渗透率下降，这使得对注入水的水质与储层的配伍性研究和对出现上述现象的机理探讨显得十分重要。对于甘谷驿油田含有黏土矿物的敏感性储层，注入水的矿化度低会引起黏土矿物膨胀，大量不合格的注入水会直接导致渗透率下降，造成储层伤害。因此，需要对甘谷驿油田储层伤害机理进行研究，采用扫描电镜、X 射线衍射、动态分析等技术，对现行注入水与储层的配伍性等进行研究，以解决现阶段注水过程中产生的注水压力升高、注水井吸水指数下降和注水效果差等各类问题。

储层岩心的敏感性评价主要包括注入速率改变引起岩心渗透率变化的速敏、地层水矿化度降低引起渗透率降低的水敏、外来流体和地层不配伍导致岩心渗透率降低的盐敏、酸液进入地层后因不配伍引起岩心渗透率下降的酸敏、碱性介质导致渗透率降低的碱敏等。根据行业标准《储层敏感性流动实验评价方法》(SY/T 5358—2010)，其敏感性指标如表 5-8 所示。

表 5-8　敏感性评价指标(SY/T 5358—2010)

| 项目 | 评价指标/% | | | | |
|---|---|---|---|---|---|
| | 无 | 弱 | 中等偏弱 | 中等偏强 | 强 |
| 速敏性 | $D_k \leqslant 5$ | $5<D_k \leqslant 30$ | $30<D_k \leqslant 50$ | $50<D_k \leqslant 70$ | $D_k \geqslant 70$ |
| 水敏性 | $I_w \leqslant 5$ | $5<I_w \leqslant 30$ | $30<I_w \leqslant 50$ | $50<I_w \leqslant 70$ | $I_w \geqslant 70$ |
| 盐敏性 | 找出渗透率发生明显变化时的临界矿化度度 | | | | |
| 酸敏性 | $I \leqslant 5$ | $5<I \leqslant 30$ | $30<I \leqslant 50$ | $50<I \leqslant 70$ | $I_a \geqslant 70$ |
| 碱敏性 | $I \leqslant 5$ | $5<I \leqslant 30$ | $30<I \leqslant 50$ | $50<I \leqslant 70$ | $I \geqslant 70$ |
| 应力敏感性 | $I \leqslant 5$ | $5<I \leqslant 30$ | $30<I \leqslant 50$ | $50<I \leqslant 70$ | $I \geqslant 70$ |

参照敏感性评价标准，使用 RPTA-10 耐酸高温高压驱替仪，对甘谷驿油田唐 80 井区长 6 储层岩心开展了储层条件下的敏感性评价实验。

## 一、速敏评价

速敏性是指在钻井、测试、试油、采油、增产作业、注水等作业或生产过程中，当流体在油层流动时，引起油层微粒运移并堵塞喉道，造成油气层渗透率下降的现象。通过速敏实验可以得出地层岩石在流体不同流速下的渗透率变化，评价出该地层的临界流速，以更好地制定储层的开发方案，防止生产流速大于临界流速引起对储层的损害，最终实现对储层最大限度的开采，提高经济效益。其基本原理是通过测定地层岩石在不同流速下的渗透率，得出地层岩石渗透率随流速的变化关系曲线，最终得出地层岩石的速敏损害率和速敏程度。

对于特定的油气层，微粒运移造成的损害主要与油气层中流体的流动速度有关，因此，速敏评价实验目的如下。

(1)找出由于流速作用导致微粒运移从而发生损害的临界流速，并找出由速度敏感引起的油气层损害程度。

(2)为水敏、盐敏、碱敏、酸敏等四种敏感性实验及其他各种评价实验确定合理的实验流速提供依据。

岩心 K2-1 速敏实验主要步骤参照标准实验程序进行，速敏实验如表 5-9 和图 5-8 所示。

**表 5-9　岩心 K2-1 速敏实验数据**

| 岩心编号 | 长度/cm | 直径/cm | 液测渗透率/($10^{-3}\mu m^2$) |
|---|---|---|---|
| K2-1 | 2.854 | 2.442 | 2.78 |
| 流量/(mL/min) | 渗透率/($10^{-3}\mu m^2$) | 渗透率损害率/% | 速敏损害程度 |
| 0.10 | 2.70 | 2.88 | 弱 |
| 0.26 | 2.66 | 4.32 | |
| 0.50 | 2.61 | 6.11 | |
| 0.75 | 2.68 | 3.59 | |
| 1.10 | 2.56 | 7.91 | |
| 1.50 | 2.44 | 12.23 | |
| 2.00 | 2.32 | 16.55 | |
| 3.09 | 2.25 | 19.06 | |
| 4.23 | 2.17 | 21.94 | |
| 5.00 | 2.10 | 24.46 | |
| 6.00 | 2.06 | 25.90 | |

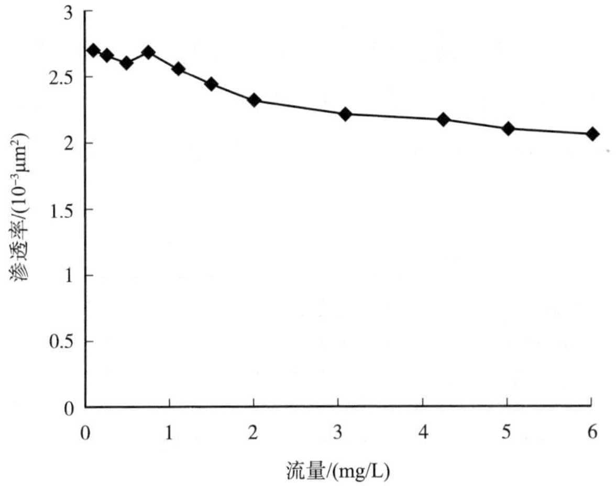


图 5-8　岩心 K2-1 速敏实验曲线

从表 5-9 和图 5-8 可以看出，岩心 K2-1 发生速敏损害的临界流速为 3.09mL/min，速敏损害程度为弱。同理，测试了其他三个岩样的速敏损害情况，实验结果如表 5-10 所示。

**表 5-10　速敏实验数据**

| 编号 | 液测渗透率/($10^{-3}\mu m^2$) | 孔隙度/% | 临界流速/(mL/min) | 速敏损害率/% | 速敏损害程度 |
|---|---|---|---|---|---|
| K2-1 | 2.78 | 18.1 | 3.09 | 25.90 | 弱 |
| K3-1 | 4.21 | 22.0 | 2.35 | 47.02 | 中等偏弱 |
| K5-2 | 2.60 | 16.3 | 2.50 | 20.71 | 弱 |
| K6-1 | 0.97 | 14.1 | 4.53 | 18.57 | 弱 |

从表 5-10 可以看出，4 个岩样速敏损害的临界流速偏大，速敏损害程度总体较弱，但在注水(或注空气泡沫)开发中仍应注意高岭石等地层微粒可能造成的速敏损害。

## 二、水敏评价

地层中的黏土矿物处在一定矿化度的环境中，淡水进入地层时，某些黏土矿物就会发生膨胀、分散、运移，从而减小或堵塞地层孔隙和喉道，造成渗透率下降，油气层的这种遇淡水后渗透率降低的现象称为水敏。岩心水敏实验的研究目的是了解黏土矿物遇到淡水后的膨胀、分散、运移的过程，并找出水敏发生的条件及水敏损害程度。

岩心水敏实验中，先用地层水以低于临界流量的流速流过岩心，测定其渗透率 $K_f$；接着用次地层水以低于临界流量的流速流过岩心，测定其渗透率；最后用蒸馏水以低于临界流量的流速流过岩心，测定其渗透率 $K_w$。实验结果如表 5-11 和图 5-9 所示。

表 5-11　岩心水敏实验数据

| 驱替液 | 矿化度/(mg/L) | 驱替速度/(mL/min) | 渗透率/($10^{-3}\mu m^2$) | | |
|---|---|---|---|---|---|
| | | | K1-1 | K3-1 | K4-2 |
| 地层水 | 25000 | 1.0 | 2.24 | 4.21 | 6.54 |
| 次地层水 | 12500 | | 2.14 | 4.01 | 5.78 |
| 蒸馏水 | 0 | | 1.98 | 3.47 | 4.73 |
| 水敏损害率/% | | | 11.61 | 17.58 | 27.68 |
| 水敏损害程度 | | | 弱 | 弱 | 弱 |

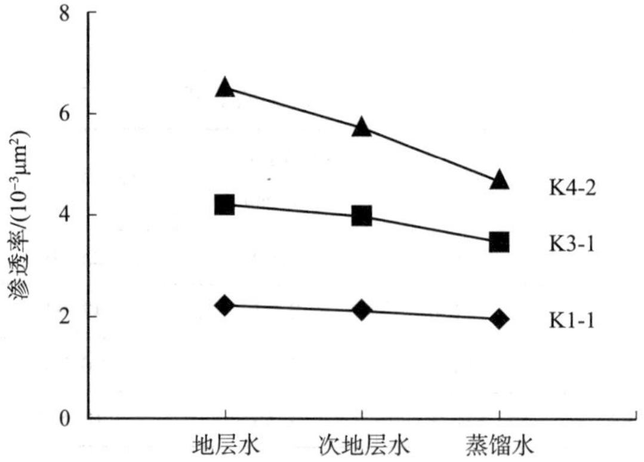


图 5-9　岩心水敏实验曲线

由表 5-11 和图 5-9 可知，唐 80 井区长 6 储层的水敏损害率为 11.61%~27.68%，水敏损害程度为弱。

## 三、盐敏评价

盐度敏感性是指一系列矿化度的注入水进入储层后引起黏土膨胀或分散、运移，使得储层岩石渗透率发生变化的现象。储层产生盐度敏感性的根本原因是储层黏土矿物对于注入水的成分、离子强度及离子类型很敏感。盐度敏感性伤害机理与水敏性伤害机理相似，如蒙皂石、伊/蒙混层矿物与低矿化度流体接触时发生膨胀，高岭石在储层流体离子强度突变时会扩散、运移等。盐度敏感性是各类油气层敏感性伤害中最常见的一种，大量的研究结果表明，对于中、强水敏地层在选择入井液时应避免低矿化度流体。但在室内研究和现场实践中，也存在高于地层水矿化度的入井液引起渗透率降低的现象，这是因为高矿化度的流体压缩黏土颗粒扩散双电层厚度，造成颗粒失稳、脱落，堵塞孔隙喉道。所以，入井液矿化度的高低应针对具体情况进行评价并合理选择。盐度敏感性评价实验目的在于了解储层岩石在接触不同矿化度流体时渗透率发生变化的规律。盐敏评价实验结果如表 5-12 所示。

**表 5-12　岩心盐敏实验数据**

| 驱替液 | 矿化度/(mg/L) | 驱替速度/(mL/min) | 渗透率/($10^{-3}\mu m^2$) | | |
|---|---|---|---|---|---|
| | | | K1-1 | K3-1 | K4-2 |
| 模拟地层水 | 25000 | 1.0 | 2.24 | 4.21 | 6.54 |
| 1/2 模拟地层水 | 12500 | | 2.14 | 4.01 | 5.78 |
| 1/4 模拟地层水 | 6250 | | 2.10 | 3.60 | 4.98 |
| 1/8 模拟地层水 | 3125 | | 2.06 | 3.66 | 4.89 |
| 1/16 模拟地层水 | 1563 | | 2.02 | 3.50 | 4.78 |
| 蒸馏水 | 0 | | 1.98 | 3.47 | 4.73 |
| 临界矿化度/(mg/L) | | | 12500 | | |
| 盐敏损害程度 | | | 无 | 无 | 弱 |

由表 5-12 可以看出，唐 80 井区长 6 储层的临界矿化度小于 12500mg/L，矿化度对储层的伤害可以忽略，盐敏损害程度较弱。

## 四、酸敏评价

酸敏感性是指酸液进入储层后与储层的酸敏性矿物及储层流体发生反应，产生沉淀或释放出微粒使储层渗透率发生变化的现象。酸敏感性导致储层损害的形式主要有两种：一是产生化学沉淀或凝胶；二是破坏岩石原有结构，产生或加剧流速敏感性。酸敏与酸化不同，酸敏实验一般反映的是酸化过程中的残酸自身变化及与储层岩石矿物发生反应对储层岩石渗透率造成的影响。酸敏感性评价实验的目的在于了解酸液是否会对地层产生伤害及伤害的程度，以便优选酸液配方，寻求更为合理、有效的酸化处理方法，为油气开发中的方案设计、油气层损害机理分析提供科学依据。

产生酸敏的因素很多，一般而言，储层酸敏潜在因素如下。

(1)储层含绿泥石、菱铁矿、辉铁矿等含铁矿物较多，易形成铁的氢氧化物沉淀，铁离子会产生不溶性的氢氧化物沉淀，堵塞孔隙喉道，使酸化效果降低。

(2)氟化物沉淀，土酸中的 $F^-$ 与 $Ca^{2+}$、$Mg^{2+}$ 反应生成不溶性的 $CaF_2$、$MgF_2$，同时石英可以和氢氟酸反应生成氟硅酸盐和水化硅凝胶，堵塞孔隙喉道，导致渗透率下降。

(3)酸化释放出的黏土颗粒发生膨胀运移，也可降低酸化效果。

不同的地层，应有不同的酸液配方。配方不合适或措施不当，不但不会改善地层状况，反而会使地层受到伤害，影响措施效果。按照石油行业标准，选用质量浓度15%的HCl进行酸敏性评价实验，结果如表5-13所示。

表5-13　岩心酸敏实验数据

| 驱替液 | 驱替速度/(mL/min) | 渗透率/($10^{-3}\mu m^2$) | | |
|---|---|---|---|---|
| | | K1-2 | K6-1 | K7-2 |
| 地层水 | 1.0 | 12.78 | 3.56 | 5.67 |
| 15%HCl(反向) | | — | — | — |
| 地层水 | | 2.72 | 0.32 | 2.28 |
| 酸敏损害率/% | | 78.72 | 91.01 | 59.79 |
| 酸敏损害程度 | | 强 | 强 | 中等偏强 |

由表5-13可知，唐80井区长6储层酸敏损害率为59.79%~91.01%，酸敏损害程度为中等偏强—强。该储层段黏土矿物以绿泥石为主，不适合酸化压裂。

将岩心K1-2研磨成粒径为50μm的粉末，将粉末加入质量浓度为15%的HCl中，静置30s，观察岩心粉末被HCl浸泡后现象，结果如图5-10所示。

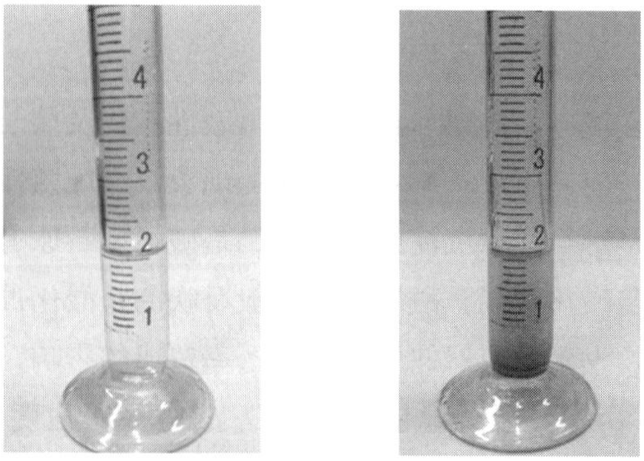

(a)加岩心粉末前的HCl溶液　(b)加岩心粉末后的HCl溶液

图5-10　岩心粉末被HCl浸泡后实验结果

由图 5-10 可知，加岩心粉末前，质量浓度 15%的 HCl 为无色，加岩心粉末静置 30s 后，溶液颜色由无色变为绿色，且有絮状物生成，岩心粉末体积略有膨胀，颜色变绿证明其中含有铁离子，而絮状物沉淀是由于绿泥石中所含的铁离子溶于酸后，在残酸中生成绿色的 $FeCl_2$ 或 $FeCl_3$ 所致。

## 五、碱敏评价

碱敏感性是指外来的碱性液体与储层中的矿物反应使其分散、脱落或生成新的沉淀或胶状物质，堵塞孔隙喉道，造成储层渗透率变化的现象。地层流体 pH 值分布范围一般为 4~9，如果进入储层的外来流体 pH 值过高或过低，都会引起外来流体与储层的不配伍问题。常见的碱敏感性矿物主要有隐晶质类石英、碳酸盐及黏土组分中的高岭石、蒙脱石等。碱敏感性评价实验的目的在于了解各种入井的碱液对储层是否造成伤害及伤害程度的大小。如钻井过程中的钻井液、水泥浆，油层压裂改造使用的压裂液等碱性工作液进入储层，与岩石矿物反应，造成微粒运移形成对储层的伤害；碱驱及复合驱过程中，高矿化度碱性工作液与储层长时间接触，不仅与储层中岩石矿物反应，还造成岩石矿物的溶解，形成对储层的伤害。

根据目前国内外的研究现状，碱敏伤害机理主要有：碱性工作液诱发黏土矿物分散，造成结构失稳。黏土表面所带电荷分为两种：结构电荷和表面电荷。表面电荷一般是黏土矿物表面的化学变化造成，受介质的 pH 值变化影响。在碱性介质中，黏土晶片相互排斥而分散，在流体作用下易产生运移，堵塞喉道，降低储层渗透率。

高 pH 值碱液对黏土矿物及石英、长石等矿物有溶解作用。高 pH 值(pH 值大于 9)的碱液可与高岭石、石英发生溶解作用生成胶体或沉淀影响储层渗透率。由于反应生成了 $H_4SiO_4$，在高温及高 pH 值的条件下，其与高岭石反应生成蒙脱石，对储层造成进一步伤害。高 pH 值的碱液还与长石在一定条件下发生水解反应，生成高岭石与石英，高岭石和石英又可与高 pH 值的碱液反应生成沉淀，这种矿物间的循环反应，使得储层渗透率降低。

岩心碱敏实验的目的主要是找出发生碱敏的临界 pH 值，评价碱敏损害程度，为现场开采、回注等作业提供合理的参考依据。

本次岩心碱敏实验中，主要是通过驱替不同 pH 值的地层水，测定不同 pH 值的地层水通过岩心时岩心渗透率的变化，根据渗透率的变化来评价碱敏损害程度。碱敏评价实验结果如表 5-14 所示。

表 5-14　岩心碱敏实验数据

| 驱替液 pH 值 | 驱替速度/（mL/min） | 渗透率/（$10^{-3}\mu m^2$） | | |
|---|---|---|---|---|
| | | K2-2 | K3-2 | K5-1 |
| 6.9 | 1.0 | 3.89 | 11.56 | 5.61 |
| 8.5 | | 3.78 | 11.23 | 5.32 |
| 10.0 | | 3.45 | 10.78 | 4.87 |
| 11.0 | | 3.24 | 10.55 | 4.56 |
| 12.0 | | 2.97 | 10.23 | 4.25 |
| 碱敏损害率/% | | 23.65 | 11.51 | 24.24 |
| 碱敏损害程度 | | 弱 | 弱 | 弱 |

由表 5-14 可知，唐 80 井区长 6 储层碱敏损害率为 11.51%～24.24%，碱敏损害程度为弱。外来碱液基本不会对该储层段造成伤害。

## 六、泡沫液损害评价

泡沫流体因具有静液柱压力低、滤失量小、携砂性能好、助排能力强及对地层伤害小等特征，而广泛用于类似于甘谷驿油田等低渗—特低渗透油藏。但其对储层的伤害也是不可忽略的。泡沫液对储层基质的损害一般用岩心渗透率的变化来表征。本实验取自唐 80 井区长 6 储层样品中的 5 个岩心，进行泡沫液对储层的损害评价。结果如表 5-15 所示。

表 5-15　泡沫液损害评价实验数据

| 岩样编号 | 长度 $L$/cm | 直径 $d$/cm | 体积 $V/cm^3$ | 地层水测渗透率 $K_1$/（$10^{-3}\mu m^2$） | 泡沫测渗透率 $K_2$/（$10^{-3}\mu m^2$） | 渗透率损害率/% |
|---|---|---|---|---|---|---|
| K1-1 | 2.894 | 2.428 | 13.399 | 0.335 | 0.261 | 22.090 |
| K5-1 | 2.810 | 2.428 | 13.010 | 0.309 | 0.246 | 20.398 |
| K6-2 | 2.524 | 2.438 | 11.783 | 0.337 | 0.281 | 16.444 |
| K7-1 | 2.950 | 2.442 | 13.817 | 0.347 | 0.286 | 17.645 |
| K7-2 | 3.024 | 2.428 | 14.001 | 0.579 | 0.443 | 23.490 |

注：渗透率损害率计算公式为$\frac{K_1-K_2}{K_1}\times 100\%$。

由表 5-15 可知，注泡沫后，唐 80 井区长 6 储层岩心渗透率降低，渗透率损害率为 16.44%～23.49%，产生这一结果的主要原因是泡沫流体中气泡之间的液膜具有很高的表面黏度，随着泡沫进入地层的孔隙或裂缝中，极易黏附在孔隙或裂缝的井壁表面，并迅速堆积聚合形成群体结构。而泡沫群体具有很高的切力和结构黏度，在狭窄的孔隙或裂缝中剪切速率很低，泡沫一旦聚集吸附于孔隙或裂缝中，流动将会变得十分困难，随着泡沫的堆积，先聚积的泡沫又以弹性变形吸收后来泡沫流动的冲击，使剪切速率进一步降低，泡沫的结构黏度又进一步上升，使得岩心渗透率急剧降低，因此，单纯的泡沫对储层的损害较大。

# 第六章　空气泡沫驱腐蚀控制措施及对策

## 第一节　添加缓蚀阻垢剂控制腐蚀

### 一、缓蚀剂分类

1)咪唑啉型缓蚀剂

咪唑啉型缓蚀剂的突出优点是，当金属与酸性介质接触时，可以在金属表面形成单分子吸附膜，以改变氢离子的氧化还原电位，也可以络合溶液中的某些氧化剂，降低其电位来达到缓蚀的目的。咪唑啉环上的氮原子的化合价变成五价形成季铵盐后，由于季铵阳离子被带负电荷的金属表面吸附，故而对发生阳离子放电有很大影响，从而有效地抑制了阳极反应。

咪唑啉的盐，如咪唑啉的葵二酚盐以及咪唑啉的油酸盐和二聚醇盐的混合物都是有效的油气井缓蚀剂。咪唑啉衍生物，如通过四乙撑五胺同脲或硫脲反应制备的咪唑啉酮和咪唑基二硫脲也都是有效的缓蚀剂。许多硫咪唑啉衍生物和咪唑啉的多硫化物的双噻唑啉及恶唑啉、取代三嗪等都是很好的缓蚀剂。

2)胺类缓蚀剂

胺类缓蚀剂对抑制酸腐蚀、$CO_2$腐蚀和少量$H_2S$腐蚀很有效，其缓蚀机理是通过分子中极性基中心N原子所含的孤电子对与铁的d电子空轨道形成配位键，吸附并覆盖于金属表面而起缓蚀作用。由于这种吸附属化学吸附，吸引力大、脱附难，所以利用这种吸附成膜的缓蚀剂，缓蚀效果好。胺类缓蚀剂包括脂肪胺、环脂胺、芳胺及杂环胺。典型的例子有$C_{12}$~$C_{18}$的伯胺、环己胺、苯胺及甲基取代苯胺、烷基吡啶、苯并咪唑及类似松香胺等类型的大分子胺。

## 二、影响缓蚀剂缓蚀性能的因素

工业所需要的缓蚀剂，应具有如下特点：有高的缓蚀效率，操作简单，见效快，能保护整个系统；对环境无污染，对生物无毒害作用；同时合成缓蚀剂的原料来源广，价格低廉，缓蚀剂能抵御多种腐蚀介质的侵袭，有良好的稳定性，不易发生分解，缓蚀效率不会因温度和压力的增加而很快地降低，有良好的溶解性能和良好的配伍性能。

影响缓蚀剂缓蚀性能的因素很多，外部条件和缓蚀剂结构等都会对缓蚀剂的缓蚀性能造成很大影响，而处于复杂环境下的金属设施，因腐蚀介质和环境不同，腐蚀将会有很大的差别。因此，针对不同的条件选用不同类型的缓蚀剂，对油气田的防腐非常重要。

1）温度的影响

温度对缓蚀剂的缓蚀效率的影响主要取决于缓蚀剂的种类、结构以及缓蚀的机理。对于有机缓蚀剂，温度较低时，随着温度的逐渐升高，缓蚀剂的烃链部分迅速溶解，导致缓蚀剂膜厚度减小或者孔密度增大，缓蚀率降低；当温度超过某一限度，就会在金属表面形成一层致密的腐蚀产物膜，起到隔离作用；当温度过高时，缓蚀剂可能发生热分解，完全失去缓蚀作用。而无机类缓蚀剂，如果缓蚀剂通过高温激活起缓蚀作用，则受温度的影响较大，如果是通过腐蚀反应或其他化学反应激活起缓蚀作用，则受温度的影响较小。

2）缓蚀剂浓度的影响

一般情况下，缓蚀剂的浓度越高，缓蚀效率就越高。这是因为在低浓度时，缓蚀剂活性组分的浓度也较低，在金属表面不易形成致密的保护膜，吸附能力也下降。随着浓度的增大，形成的保护膜完整致密，具有很强的吸附能力，缓蚀效率明显提高。但当达到一定的浓度后，再提高缓蚀剂的浓度，缓蚀效率提高缓慢甚至会略有下降。

3）腐蚀产物膜的影响

完整致密的腐蚀产物膜对金属有保护作用，不连续疏松的腐蚀产物膜则容易导致金属的局部腐蚀。在流体中，由于流体对腐蚀产物膜的剪切应力和膜生长过程中的内应力，容易使产物膜产生裂纹甚至脱落，从而诱发局部腐蚀的发生。

## 三、缓蚀剂室内评价实验

为了缓蚀剂评价能够更真实地模拟注空气泡沫驱油过程中生产井的腐蚀工

况，利用高温高压反应釜，对每种缓蚀剂(几种市场购买以及现场正在使用的缓蚀剂)(图 6-1)进行动态失重腐蚀评价，从中筛选出一种或几种适合空气泡沫驱油过程使用的缓蚀剂。

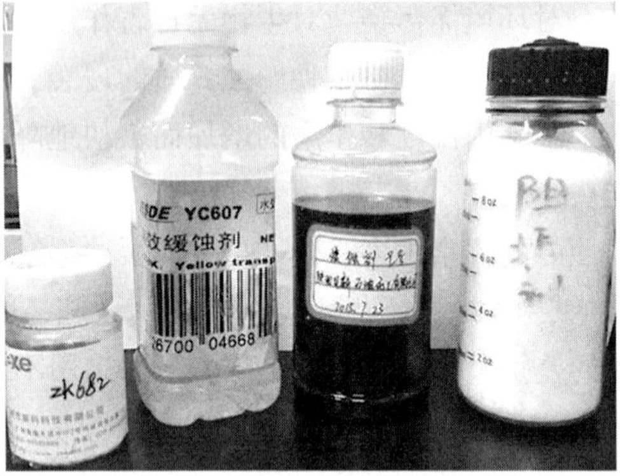


图 6-1　实验用缓蚀阻垢剂

缓蚀率($\eta$)计算公式为：

$$\eta=\frac{V_0-V_1}{V_0}\times 100\% \qquad (6-1)$$

式中　$\eta$——缓蚀率,%；

$V_0$——空白实验中钢片的腐蚀质量损失，g；

$V_1$——加缓蚀剂实验中钢片的腐蚀质量损失，g。

在动态模拟装置中，每组挂三片挂片，每次添加配制的泡沫液 800mL(回注水∶表面活性剂∶稳定剂 = 1000∶2∶1)，添加缓蚀剂 200mg/L，测试时间为 7d，交替频率为 4 次，测试温度为 25℃，测试直线速度为 0.21m/s，测试缓蚀剂的缓蚀率，评价出一种或几种最佳缓蚀剂，腐蚀后取出的挂片表面形貌如图 6-2 所示。

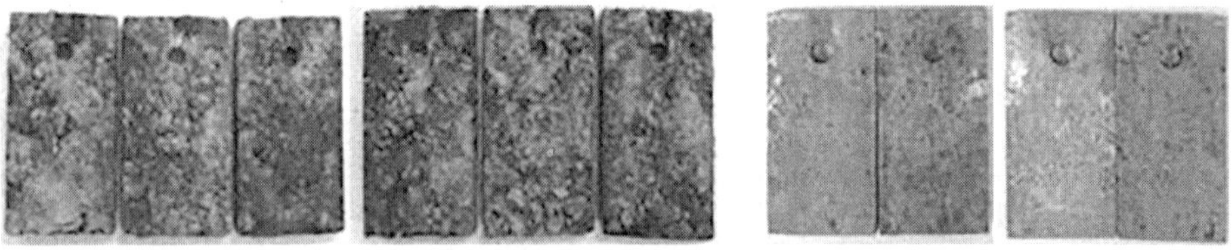

清洗前：正面(左)、反面(右)　　清洗后：正面(左)、反面(右)

(a)未加缓蚀剂

图 6-2　试片在添加各种缓蚀剂腐蚀前后表面形貌

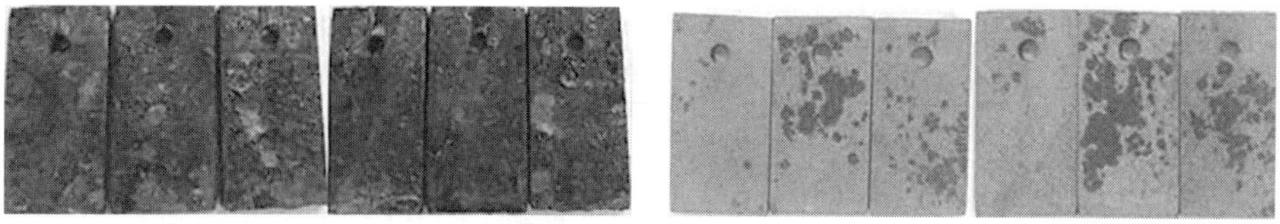

清洗前：正面(左)、反面(右)　　　　清洗后：正面(左)、反面(右)

(b)现场用阻垢剂

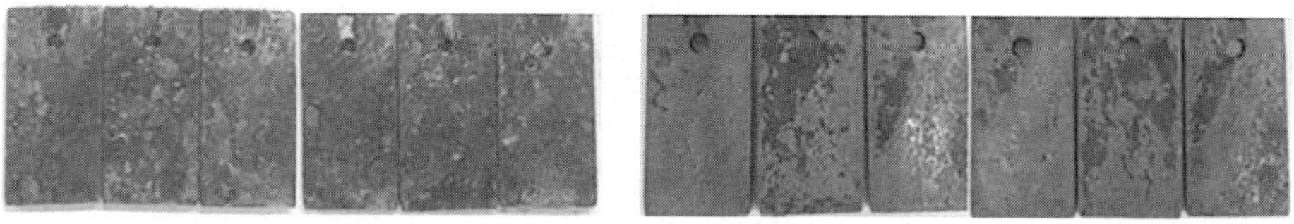

清洗前：正面(左)、反面(右)　　　　清洗后：正面(左)、反面(右)

(c)ZK682

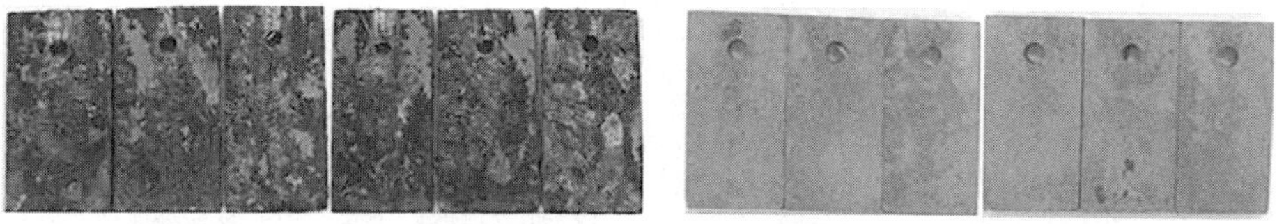

清洗前：正面(左)、反面(右)　　　　清洗后：正面(左)、反面(右)

(d)YC607

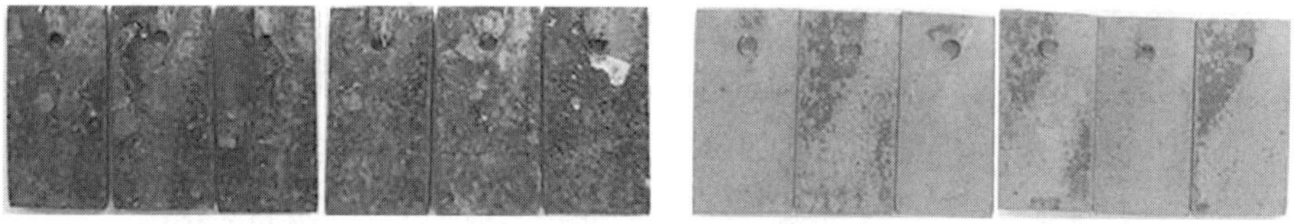

清洗前：正面(左)、反面(右)　　　　清洗后：正面(左)、反面(右)

(e)9#(1)

清洗前：正面(左)、反面(右)　　　　清洗后：正面(左)、反面(右)

(f)9#(2)(9#：纯水=1：3稀释后)

图6-2　试片在添加各种缓蚀剂腐蚀前后表面形貌(续)

结果表明：腐蚀后的试片上面有大量红色锈。观察清洗之后的试片发现，试片表面存在严重的均匀腐蚀和点腐蚀。而腐蚀后的水样呈现些许混浊，且有一些红色沉淀，腐蚀前后水体表观如图6-3所示，图中可以看出，缓蚀效果较好的YC607和9#(2)两种缓蚀剂在交替过程中的水体颜色比其他要浅一些，且水体中固体杂质较其他水样少一些。

腐蚀后的挂片从反应釜中取出时，记录并观察挂片的表面形态，经过除锈处理后，清洗烘干，腐蚀实验数据如表 6-1 所示。

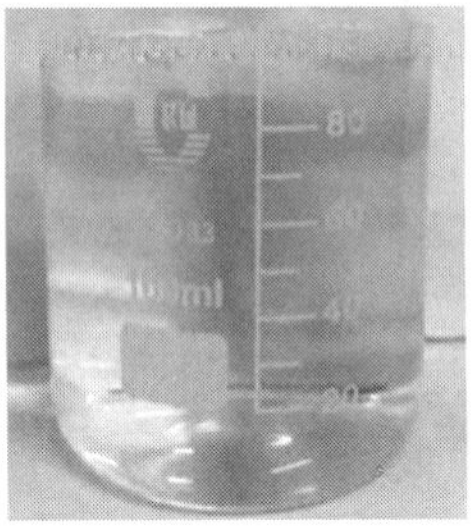

(a)腐蚀前

交替 1 次　交替 2 次　交替 3 次　交替 4 次

(b)现场用阻垢剂

交替 1 次　交替 2 次　交替 3 次　交替 4 次

(c)ZK682

交替 1 次　交替 2 次　交替 3 次　交替 4 次

(d)YC607

图 6-3　试片在添加各种缓蚀剂腐蚀前后水体表观图

交替 1 次　　交替 2 次　　交替 3 次　　交替 4 次

(c)9#(1)

交替 1 次　　交替 2 次　　交替 3 次　　交替 4 次

(f)9#(2)

图 6-3　试片在添加各种缓蚀剂腐蚀前后水体表观图(续)

**表 6-1　试片在添加各种缓蚀剂后的腐蚀实验数据**

| 时间 | 缓蚀剂类型 | 试片编号 | 尺寸(长×宽×高)/(mm×mm×mm) | $A/cm^2$ | $W_0/g$ | $W/g$ | $V_a$/(mm/a) | $\bar{V}_a$/(mm/a) | 缓蚀率/% |
|---|---|---|---|---|---|---|---|---|---|
| 2015. 7. 17～7. 24(22：30) | 空白 | 359# | 30. 14×15. 14×3. 09 | 11. 7834 | 10. 6254 | — | — | 2. 1737 | — |
| | | 309# | 30. 16×15. 13×3. 09 | 11. 7840 | 10. 6545 | 10. 2842 | 2. 1877 | | |
| | | 304# | 30. 14×15. 14×3. 12 | 11. 8106 | 10. 7592 | 10. 3928 | 2. 1598 | | |
| 2015. 7. 31～8. 7(12：30) | 现场用阻垢剂 | 350# | 30. 14×15. 13×3. 11 | 11. 7949 | 10. 6812 | 10. 3809 | 1. 7725 | 1. 7528 | 19. 36 |
| | | 362# | 30. 14×15. 12×3. 08 | 11. 7611 | 10. 6000 | 10. 3058 | 1. 7415 | | |
| | | 303# | 30. 17×15. 02×3. 08 | 11. 7055 | 10. 5446 | 10. 2513 | 1. 7444 | | |
| 2015. 7. 24～7. 31(12：30) | ZK682 | 387# | 30. 12×15. 13×3. 10 | 11. 7785 | 10. 7172 | 10. 4303 | 1. 6957 | 1. 6465 | 24. 25 |
| | | 334# | 30. 10×15. 13×3. 09 | 11. 7622 | 10. 6011 | 10. 3075 | 1. 7378 | | |
| | | 391# | 30. 16×15. 10×3. 11 | 11. 7822 | 10. 6830 | 10. 4281 | 1. 5061 | | |
| 2015. 8. 8～8. 15(12：00) | YC607 | 376# | 30. 14×15. 15×3. 10 | 11. 7991 | 10. 6494 | 10. 4332 | 1. 2756 | 1. 2948 | 40. 43 |
| | | 361# | 30. 15×15. 14×3. 11 | 11. 8052 | 10. 6961 | 10. 4743 | 1. 3080 | | |
| | | 321# | 30. 13×15. 14×3. 09 | 11. 7798 | 10. 6220 | 10. 4019 | 1. 3008 | | |

续表

| 时间 | 缓蚀剂类型 | 试片编号 | 尺寸(长×宽×高)/(mm×mm×mm) | $A/cm^2$ | $W_0/g$ | $W/g$ | $V_a$/(mm/a) | $\bar{V}_a$/(mm/a) | 缓蚀率/% |
|---|---|---|---|---|---|---|---|---|---|
| 2015.7.27~8.3(12:12) | 9#(1) | 342# | 30.12×15.17×3.06 | 11.7689 | 10.6659 | 10.4569 | 1.2363 | 1.3545 | 37.69 |
| | | 358# | 30.10×15.12×3.09 | 11.7555 | 10.7051 | 10.4752 | 1.3615 | | |
| | | 383# | 30.09×15.11×3.07 | 11.7272 | 10.6251 | 10.3782 | 1.4657 | | |
| 2015.9.21~9.28(22:30) | 9#(2) | 307# | 30.14×15.17×3.08 | 11.7943 | 10.6671 | 10.5004 | 0.9840 | 0.9535 | 56.13 |
| | | 378# | 30.12×15.15×3.08 | 11.7737 | 10.5873 | 10.4332 | 0.9112 | | |
| | | 364# | 30.15×15.17×3.08 | 11.7979 | 10.6480 | 10.4844 | 0.9654 | | |

由表6-1中腐蚀实验数据可以看出，未加入缓蚀剂时，试片的腐蚀速率高达2.1737mm/a，加入各种缓蚀剂后，腐蚀速率均有所下降，而稀释后的9#缓蚀剂缓蚀效果最好。

## 第二节　加入杀菌剂控制腐蚀

### 一、油田污水中主要细菌的种类

在油田水体系中，常含有硫酸盐还原菌(SRB)、铁细菌(FB)、腐生菌(TGB)、藻类、硫细菌、酵母菌、霉菌、原生动物等微生物，其中数量最多、危害最大的是硫酸盐还原菌(SRB)、铁细菌(FB)和腐生菌(TGB)。

1)SRB

SRB是一种在厌氧条件下硫酸盐还原成硫化物并以有机物为营养的细菌，SRB有两种类型：一种是无芽孢的磺弧菌属，另一种是有芽孢的去斑磺弧菌属。油田水中常见的且危害较大的是去斑磺弧菌，去斑磺弧菌为革兰氏阴性的弯曲杆菌，呈S形或螺旋形，长约2μm，带有厚约100Å的一根鞭毛。SRB厌氧，所需的营养物质中，除去$Na^+$、$Mg^{2+}$、$Ca^{2+}$、$SO_4^{2-}$、$Cl^-$、$CO_3^{2-}$、$NO_3^-$、$H_2PO_4^-$、$NH_4^+$外，还有$Fe^{2+}/Fe^{3+}$。其在生长繁殖时，为了构成菌体，要比其他细菌多固定2~3倍的$CO_2$，所需要的碳素化合物中以酵母汁最为有效。SRB的生长受到环境因素的制约。

(1)温度的影响。

在中性介质中，温度为37℃时，SRB生长最为活跃，而温度升至50℃

时，SRB 生长缓慢。其实 SRB 的生长温度随菌种不同而异，分为中温型、高温型两种菌属。中温型菌属最适宜的生长温度为 30~35℃，高于 45℃停止生长；高温型菌属最适宜的生长温度为 55~60℃。去斑磺弧菌属于中温型菌，在油田中最适宜的生长温度为 20~40℃。温度过高或过低对其生长都不利，温度低于-15℃或高于 100℃则其不能存活。

(2)矿化度的影响。

SRB 生长的适宜矿化度为 $2\times10^4\sim6\times10^4$mg/L，在此矿化度区间内，SRB 菌量变化不大；随着矿化度的增加，SRB 菌量减少，当矿化度为 $3\times10^5$ mg/L 时，仍有少量的 SRB 生长，当矿化度达到 $3.5\times10^5$mg/L 时，SRB 不能存活；同样，随着矿化度的减小，SRB 菌量也减少，当矿化度达到 $1\times10^3$mg/L 时，SRB 只有极少量生长。

(3)pH 值的影响。

SRB 生长 pH 值的适宜范围为 6.5~7.5，在此范围内，SRB 菌量随 pH 值变化不大。当 pH 值大于 7.5 时，菌量逐渐减少；当 pH 值等于 9.0 时，只有少量 SRB 存活；当 pH 值大于等于 9.5 时，SRB 不能生存；当 pH 值小于等于 6.5 时，SRB 菌量也逐渐减少；当 pH 值等于 3.0 时，只有极少量的 SRB 存活。

(4)$Fe^{2+}/Fe^{3+}$的影响。

$Fe^{2+}/Fe^{3+}$的质量浓度越大，游离型细菌数量也越大，$Fe^{2+}/Fe^{3+}$可以促进 SRB 的生长。适宜 SRB 生长的 $Fe^{2+}/Fe^{3+}$最低质量浓度为 20mg/L，高 $Fe^{2+}/Fe^{3+}$质量浓度(高于 400mg/L)对 SRB 的生长没有抑制作用。

2)FB

FB 具有以下生理特征：能在氧化亚铁成高价化合物中起催化作用；可以利用铁氧化中释放出来的能量满足其生命的需要，为典型的铁细菌。FB 是一种好气异养菌，在含气量小于 0.5mg/L 的系统中也能生长。FB 的生长需要铁，但对铁浓度的要求并不苛刻，在总铁量为 1~6mg/L 的水中，FB 繁殖就很旺盛，FB 以有机物为营养源，其生长需要有机物，尤其是铁与锰的有机化合物。FB 是好氧菌，在静止水中、完全缺铁的深层是很难生长繁殖的；在流动的水中有一定的溶解氧，FB 仍能生长。

(1)温度的影响。

众所周知，反应速度与微生物的活性有关，而温度可以改变微生物的活性。而 FB 的活性与温度有着极为密切的联系，FB 的最适宜生长温度为 30~50℃。

(2)溶解氧(DO)的影响。

FB为好氧菌，因此，DO对铁细菌的生长起着极为重要的作用。一般来讲，DO为0.7mg/L时，铁细菌在生物除铁过程中就能起到很重要的作用。

3)TGB

TGB是好气异养菌的一种混合体，通常附着在管道上形成黏稠的一层，亦称为黏液形成菌，常见的有气杆菌、黄杆菌、巨大芽孢杆菌、光假单孢菌等。腐生菌的适应性强，存在极其普遍，其产生的黏液与腐蚀产物、硫酸盐还原菌、藻类、原生动物、垢甚至原油混合在一起形成细菌黏泥，一起附着在管线和设备上，堵塞注水井和过滤器。菌落形成的黏质膜会腐蚀金属，堵塞孔道，或使水质发臭，腐生菌通常伴随铁细菌或黏泥形成菌在钢铁表面形成很大的菌落，同时结瘤，促使产生氧浓度差电池腐蚀，造成钢铁的腐蚀。由于污垢增加，造成内部缺氧条件，为硫酸盐还原菌的生长繁殖创造了很好的条件，其分解硫酸盐产生硫化氢，进而生成$Fe_2S_3$堵塞地层。

## 二、油田污水中细菌控制方法

目前油田对油田污水中的细菌采用不同的控制方法，这些方法归纳起来有五种：①机械方法；②调整注水流程；③微生物控制方法；④物理处理方法；⑤化学控制方法。

1)机械方法

机械方法通常采用刮管器或高压水清洗所有供、注水管线，同时用含杀菌剂的水冲洗。过滤器和储罐通常采用清水清洗，再用含杀菌剂的水溶液浸泡、冲洗。这种方法适用于已受到细菌严重污染的系统，其特点是清除彻底，但成本高。

2)调整注水流程

调整注水流程包括两种方式，一是通过改建或重建水处理系统，以达到清除水流速度慢或静止的死角部分，减少细菌在管线和容器壁附着生长的可能性；二是针对清水和污水混注情况下，细菌更易繁殖生长的特点，在生产运行过程中应尽可能将清水和污水分开，采用分别或交替注入方式。

3)微生物控制方法

微生物控制方法亦称生物竞争淘汰法。该方法通过适当地改变微生物生存环境使得另外一种能够与SRB共存并互为供养体的生物群迅速大量繁殖，从而抑制 SRB 生存繁殖。这种生物群可以是油藏中原本存在的，也可以是引入的外来生物菌株。另外，在油田引入外来生物群，同引入外来水殖生物一样，应慎重研究不同生态环境的差别，充分研究所利用的生物群体大量繁殖可能产生的负面后果。

4)物理控制方法

物理控制方法即物理杀菌，包括 X 射线杀菌、紫外线杀菌、α 射线杀菌、β 射线杀菌、γ 射线杀菌、超声波杀菌、高频电流杀菌、变频电磁杀菌技术等。

5)化学控制方法

投加杀菌剂的化学杀菌技术是国内外油田广泛推广应用的杀菌方法，其不仅具有经济、使用方便、见效快的特点，突出优点在于，当处理后的水中含有一定余量的杀菌剂时，能够有效地控制细菌在地层中繁殖，防止细菌代谢产物及腐蚀产物给地层造成伤害，降低了采出液中 $H_2S$ 对采油设施及地面系统设备造成的腐蚀。杀菌剂种类繁多，其杀菌机理是在具有稳定杀菌特性的化学药剂中，含有可破坏细胞酶或基质交换系统的物质，利用化学剂与细菌之间的相互作用以达到杀灭细菌的目的。确定杀菌剂后，根据细菌污染分布情况、系统处理工艺确定加药点和投加方法；一般对污染严重的系统采用连续投加方式；对细菌含量较低、主要是抑制细菌生长的系统选择冲击加药。连续加药的成本比冲击加药要高。

## 三、杀菌剂的种类及杀菌机理

目前，油田及工业水处理杀菌过程中，所使用的杀菌剂按其功能和组成一般分为两大类，即氧化型杀菌剂和非氧化型杀菌剂。

**1. 氧化型杀菌剂**

氧化型杀菌剂主要通过与细菌体内的代谢酶发生氧化作用，将细菌完全分解为 $CO_2$ 和水以杀死细菌。这类杀菌剂主要包括氯气、溴素、臭氧、次氯酸钠、稳定性二氧化氯、三氯异三聚氰酸、溴氯二甲基海因，溴氯甲乙基海因等。我国各油田早期注水杀菌常用氯气。氯气溶于水中产生次氯酸，而次氯酸溶解后产生的次氯酸阴离子具有很强的杀菌作用。

$$Cl_2 + H_2O \longrightarrow H^+ + Cl^- + HClO$$

$$HClO \longrightarrow H^+ + ClO^-$$

次氯酸阴离子的浓度取决于 pH 值，在 pH 值为 6~8 时，氯气的杀菌效果最好。这种杀菌剂来源广泛、价格便宜、使用方便、作用快、杀菌致死时间短、可清除管壁附着的细菌；但药效维持时间短，在碱性和高 pH 值环境时，用量大，且易与水中的氨生成毒性很大的氯氨，造成严重的环境污染，目前已很少使用。也有将氧化型杀菌剂与非氧化型杀菌剂复配使用，以提高杀菌效率，降低处理成本的现场试验。

近年来，国外氧化型杀菌剂主要向使用较安全、杀菌效率较高的方向发展，如使用稳定性二氧化氯、三氯异三聚氰酸、溴类杀菌剂等。

**2. 非氧化型杀菌剂**

目前我国大部分油田使用的杀菌剂多为非氧化型杀菌剂，根据杀菌作用机理和杀菌基团通常分为以下 7 种。

1）季铵盐型

季铵盐型杀菌剂是我国各地大油田使用最多、应用最广泛的一类杀菌剂，它们主要是抗菌性的表面活性剂。这些表面黏性剂不仅具有杀菌作用，而且还对杀菌活性组分具有增效作用，对黏泥也有很强的剥离作用，可以杀死生长在黏泥下面的硫酸盐还原菌（SRB）。由于细菌表面通常带负电，所以使用最早、最多的是阳离子表面活性剂，其中脂肪胺的季铵盐杀菌剂杀菌效果最好。常见的有 1231（十二烷基三甲基氯化铵）、1227（十二烷基二甲基苄基氯化铵）、新洁尔灭（十二烷基二甲基苄基溴化铵）、1247（甲基丙烯酸甲酯）、DS-F（$C_{18\sim19}$烷基二甲基苄基氯化铵）、YF-1（1227+有机胺醋酸盐）、氰基季铵盐、双 $C_8$烷基季铵溴盐以及聚氮杂环季铵盐、聚季铵盐（TS-819）、双季铵盐等。这类杀菌剂的作用机理主要是阳离子通过静电力、氢键力以及表面活性剂分子与蛋白质分子间的疏水结合作用，吸附带负电的细菌体，聚集在细胞壁上，产生室阻效应，导致细菌生长受抑制而死亡；同时其憎水基还能与细菌的亲水基作用，改变膜的通透性，继而发生溶胞作用，破坏细胞结构，引起细胞的溶解和死亡。这类杀菌剂具有高效、低毒、不易受 pH 值变化的影响、使用方便、对黏液层有较强的剥离作用、化学性能稳定、分散及缓蚀作用较好等特点；但存在易起泡沫，矿化度较高时杀菌能力降低，容易吸附损失，如果长期单独使用，易产生抗药性等缺点。

2）季磷盐杀菌剂

季磷盐杀菌剂是国外 20 世纪 80 年代后期推出的一种新型、高效、广普的杀菌剂，这类化合物与季铵盐有类似的结构，只是用含磷的阳离子代替含氮的阳离子。一般认为细菌表面的细胞壁带负电荷，季磷盐类化合物中带正电荷的有机阳离子可被带负电荷的细菌选择性地吸附，通过渗透和扩散作用，穿过表面进入细胞膜，从而阻碍细胞膜的半渗透作用，并进一步进入细胞内部，使细胞酶钝化，不能产生蛋白质酶，从而使蛋白质变性，达到杀死细菌细胞的作用。氮原子是第二周期元素，而磷原子是第三周期元素，磷原子的半径较氮原子半径大，相应的离子半径也大。离子半径大使其极化作用增大，极化增大使周围的正电性增大，正电性增加使其更容易与带负电荷的微生物产生静电吸附作用，更容易杀死微生物。从结构上分析季磷盐比季铵盐的杀菌活性高。

3)杂环化合物

该类杀菌剂主要包括咪唑类衍生物(甲硝唑)、吡啶类衍生物(如十六烷基溴化吡啶)、噻唑、咪唑啉及三嗪的衍生物、异噻唑啉酮、聚季噻嗪、聚吡啶、聚喹啉、洗必太、BC-G(烷基双胍盐)等。这类化合物主要通过杂环上的活性部分，如氮、氧与细菌体内的蛋白质中脱氧核糖核酸(DNA)的碱基形成氢键，吸附在细菌的细胞壁上，破坏细菌的DNA结构，使之失去复制能力而死亡。这类杀菌剂具有杀菌效率高，与其他水处理剂配伍性能好，加入量低等优点；但存在溶解性较小，容易吸附损失，其中一些化合物对好氧菌不起作用且合成工艺复杂，成本较高等缺点。

4)有机醛类

醛类化合物是常用的一类杀菌剂，具有较好的杀菌效果。主要包括甲醛、异丁醛、丙烯醛、肉桂醛、苯甲醛、乙二醛、戊二醛等。使用较多的是戊二醛、甲醛和丙烯醛。其中，甲醛的杀菌浓度高达几百mg/L，且刺激性较大，很难被现场所接受，目前只有戊二醛尚与其他药剂复配使用的实例，但价格昂贵。

5)含氰类化合物

此类杀菌剂的主要代表为二硫氰基甲烷，如常见的SQ8、515、WC-38、JC-964等都是由二硫氰基甲烷和其他辅助剂复配而成。这类杀菌剂主要是通过在水中水解生成硫氰基$SCN^-$和甲醛，其中$SCN^-$可与$Fe^{3+}$生成稳定的络合物，使$Fe^{3+}$从细菌脱氢酶中接受电子的能力减弱而达到杀菌的目的。这类杀菌剂的杀菌效率高，价格便宜，但在碱性条件下容易分解且毒性较大。由于本身溶解性较差，通常需要加入一些表面活性剂，以增加溶解性能，提高杀菌效率。

6)多功能杀菌剂

多功能杀菌剂包括絮凝-杀菌剂(XPF-C)，絮凝-杀菌-缓蚀剂(CX-C)、阻垢-杀菌-缓蚀型(WX-3)及其他多功能处理剂，大大提高了处理效率并取得了显著效果。这类杀菌剂主要特点为用量少，效率高，不易产生抗药性，综合处理性能受环境影响小，还能简化水处理的步骤，是一类新型的杀菌剂。

7)复合型杀菌剂

通过两种或两种以上的杀菌剂与表面活性剂、溶剂复配，研究各组分之间的协同效应，提高杀菌效率，降低了使用成本，研制了一些新型杀菌剂。主要包括：SQ8(二硫氰基甲烷+1227+溶剂+表面活性剂)，S15(二硫氰基甲烷+溶剂+表面活性剂)，WC-38(二硫氰基甲烷+双砜+溶剂)，J12(1227+双氧化物+其他)，CT10-3(有机肌+季铵盐+表面活性剂+溶剂)，WC-85(季铵盐+戊二醛)，以及酚胺化合物(如NY-875)(苯酚+有机胺+甲醛)、FH系列杀菌剂(这类杀菌剂主要由十二烷基叔胺、氯化苄、苯酚、甲醛、戊二醛、异丙醇、糠醛等按照一定比例复配而成)等。这些复合型杀菌剂都不同程度地提高了杀菌效率，取得了较好的应用效果。

## 四、杀菌剂室内评价实验

为了使杀菌剂评价实验能够更真实地模拟注空气泡沫驱油过程中生产井的腐蚀工况，利用高温高压反应釜，对每种杀菌剂(图6-4)进行动态失重腐蚀评价，从中筛选出一种或几种适合空气泡沫驱油过程使用的杀菌剂。

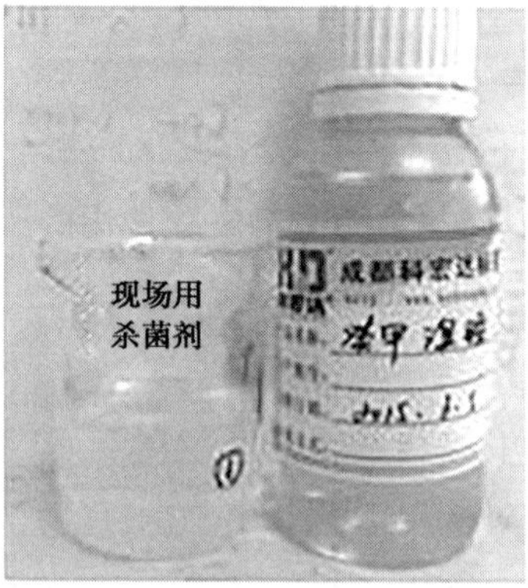


图6-4　实验用杀菌剂

在动态模拟装置中，每组挂三片挂片，每次添加配制的泡沫液800mL(地表水：表面活性剂：稳定剂=1000：2：1)，添加杀菌剂100mg/L，测试时间为7d，交替频率为4次，测试温度为25℃，测试直线速度为0.21m/s，测试杀菌剂的缓蚀率，评价出一种或几种最佳杀菌剂，腐蚀后取出的挂片表面形貌如图 6-5 所示。

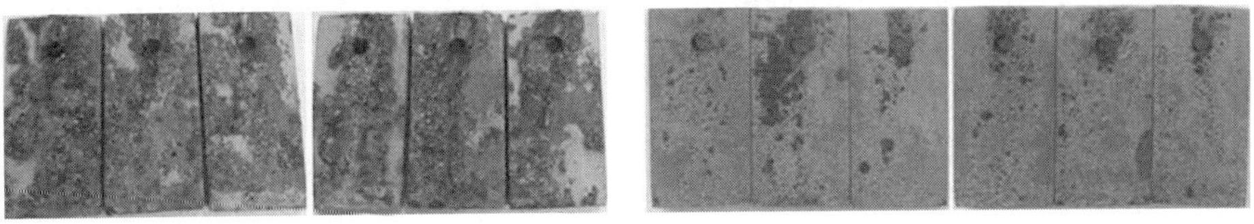

清洗前：正面(左)、反面(右)　　清洗后：正面(左)、反面(右)

(a)未加杀菌剂

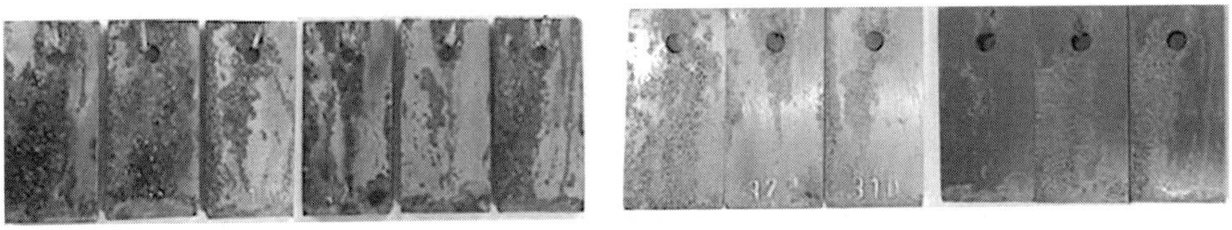

清洗前：正面(左)、反面(右)　　清洗后：正面(左)、反面(右)

(b)现场用杀菌剂

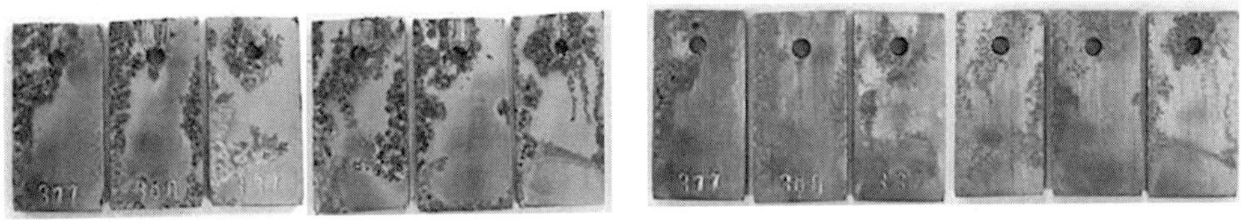

清洗前：正面(左)、反面(右)　　清洗后：正面(左)、反面(右)

(c)癸甲溴胺

图 6-5　试片在添加各种杀菌剂腐蚀前后表面形貌

结果表明：腐蚀后的试片上面有较多的红色锈。加入杀菌剂后的腐蚀试片较未加杀菌剂的试片腐蚀较轻，而腐蚀后的水样呈现些许混浊，水体颜色呈现些许不同，腐蚀前后水体表观如图 6-6 所示。

腐蚀后的挂片从反应釜中取出时，记录并观察挂片的表面形态，经过除锈处理后，清洗烘干，腐蚀实验数据如表 6-2 所示。

(a)腐蚀前

图 6-6　试片在添加各种杀菌剂腐蚀前后水体表观图

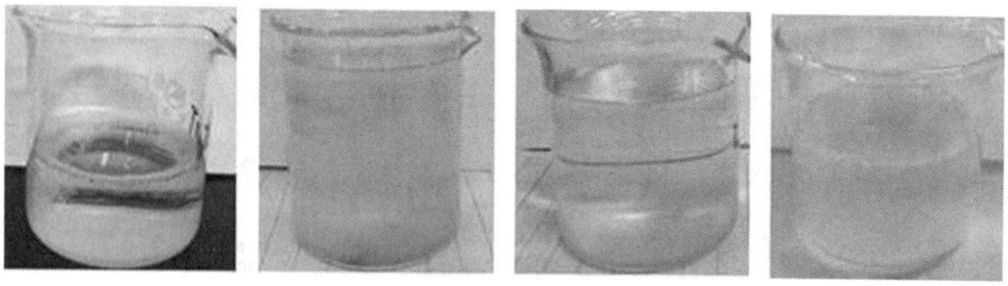

交替 1 次　　交替 2 次　　交替 3 次　　交替 4 次

(b)未加杀菌剂

交替 1 次　　交替 2 次　　交替 3 次　　交替 4 次

(c)现场用杀菌剂

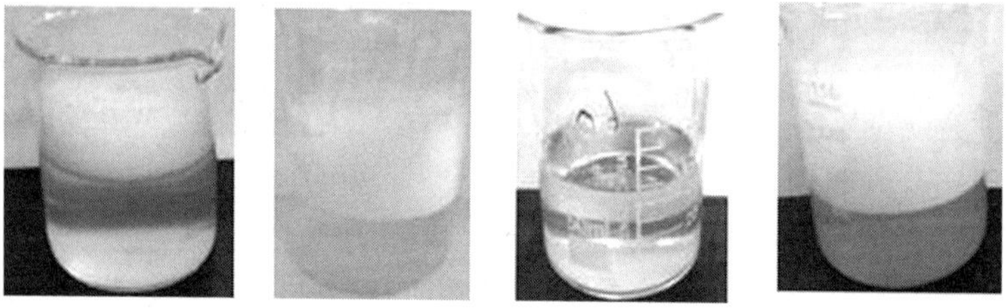

交替 1 次　　交替 2 次　　交替 3 次　　交替 4 次

(d)癸甲溴胺

图 6-6　试片在添加各种杀菌剂腐蚀前后水体表观图(续)

**表 6-2　试片在添加各种杀菌剂后的腐蚀实验数据**

| 时间 | 杀菌剂类型 | 试片编号 | 尺寸(长×宽×高)/(mm×mm×mm) | $A/cm^2$ | $W_0/g$ | $W/g$ | $V_a$/(mm/a) | $\overline{V}_a$/(mm/a) |
|---|---|---|---|---|---|---|---|---|
| 2015. 7. 31～8. 7(12：05) | 空白 | 325# | 30. 16×15. 10×3. 10 | 11. 7731 | 10. 6140 | 10. 4499 | 0. 9704 | 0. 9720 |
| | | 315# | 30. 13×15. 13×3. 10 | 11. 7822 | 10. 7859 | 10. 6219 | 0. 9690 | |
| | | 318# | 30. 15×15. 18×3. 15 | 11. 8136 | 10. 7289 | 10. 5632 | 0. 9765 | |
| 2015. 7. 17～7. 24(12：10) | 现场用杀菌剂 | 316# | 30. 05×15. 10×3. 09 | 11. 7241 | 10. 5292 | 10. 4073 | 0. 7238 | 0. 6473 |
| | | 329# | 30. 08×15. 09×3. 09 | 11. 7284 | 10. 6644 | 10. 5598 | 0. 6209 | |
| | | 310# | 30. 10×15. 10×3. 08 | 11. 7332 | 10. 5855 | 10. 4820 | 0. 6141 | |

续表

| 时间 | 杀菌剂类型 | 试片编号 | 尺寸(长×宽×高)/(mm×mm×mm) | $A/cm^2$ | $W_0/g$ | $W/g$ | $V_a$/(mm/a) | $\bar{V}_a$/(mm/a) |
|---|---|---|---|---|---|---|---|---|
| 2015.7.13~7.20(12:00) | 癸甲溴胺 | 377# | 30.13×15.13×3.09 | 11.7731 | 10.6701 | 10.5953 | 0.4423 | 0.3705 |
| | | 337# | 30.12×15.15×3.09 | 11.7827 | 10.6161 | 10.5599 | 0.3321 | |
| | | 380# | 30.14×15.13×3.10 | 11.7858 | 10.6961 | 10.6373 | 0.3473 | |

由表6-2中的腐蚀实验数据中可以看出，未加入杀菌剂时，试片的腐蚀速率较高，为0.9720mm/a；加入各种杀菌剂后，腐蚀速率均有所下降，而癸甲溴胺的缓蚀效果最佳。

## 第三节　牺牲阳极保护控制腐蚀

牺牲阳极保护法是将被保护的金属与电位更负的活泼金属相连，组成电偶电池，依靠牺牲阳极不断溶解所产生的阴极电流来实现阴极保护。牺牲阳极的阴极保护效果与牺牲阳极材料本身的性能有着直接的关系，所以选作牺牲阳极的材料应满足一定的要求。

(1)具有足够负且稳定的开路电位和闭路电位，工作时自身的极化率小，即闭路(工作)电位应接近于开路电位，以保证有足够的驱动电压。

(2)理论电容量(消耗单位质量牺牲阳极材料时按照法拉第定律所能产生的电量)大。

(3)具有高的电流效率(实际电容量与理论电容量的百分比)，以达到长的使用寿命。

(4)表面溶解均匀、不产生局部腐蚀，腐蚀产物松软易脱落，且腐蚀产物无毒，对环境无害。

(5)原材料来源充足，价格低廉，易于制备等。

工程上常见的牺牲阳极材料有镁和镁合金、锌和锌合金、铝合金三大类。镁基合金由于密度小、理论电容量大、电位负、极化率低，常用于土壤电阻率较高的土壤中和淡水中。但其电流效率低(通常只有50%左右)，比锌基合金和铝基合金的电流效率低得多。铝基合金的理论电容量为2980A·h/kg，是镁的1.35倍，是锌的3.6倍，并且原料来源广、制造简单，对氯离子的抗侵蚀性强，常作为海水、海泥及原油储罐无污水介质中的阳极材料。但由于铝的性质太过活泼，表面极易钝化，生成$Al_2O_3$氧化膜，使电位为正，这样限制了在保护阴极中的应用。对于锌合金来说，其阳极极化率极低、电流效率较高(可高达90%以上)，并具有一定的自我调节能力。其应用场合比较广泛，不像镁合金阳极(不能用于易诱发火花的场合)和铝合金(不能用于土壤介质)这么苛刻，可用于海水介质和电阻率较低的土壤中。因此，在不同的环境中应选择合适的阳极材料来保护阴极。

## 一、主要实验仪器设备和药品

### 1. 主要实验仪器设备

主要实验设备为GSH-1/10型强磁力搅拌高压反应釜(威海汇鑫化工机械有限公司)；JD210-4P型电子天平(沈阳龙腾电子有限公司，精度为0.1mg)；YB5002B型电子游标卡尺(卡夫威尔实业有限公司)；空气瓶；866A型数显电热恒温鼓风干燥箱(上海浦东荣丰科学仪器有限公司)；2PB00C型平流泵(北京卫星制造厂)。

### 2. 主要实验药品

实验中所用的药品如表6-3所示。

表6-3 实验药品

| 序号 | 药品名称 | 纯度 | 生产单位 |
|---|---|---|---|
| 1 | 石油醚(60~90℃) | 分析纯 | 成都市科龙化工试剂厂 |
| 2 | 丙酮 | 分析纯 | 成都市科龙化工试剂厂 |
| 3 | 无水乙醇 | 分析纯 | 成都市科龙化工试剂厂 |
| 4 | 氢氧化钠 | 分析纯 | 成都市科龙化工试剂厂 |
| 5 | 盐酸 | 分析纯 | 成都市科龙化工试剂厂 |
| 6 | 六亚甲基四胺 | 分析纯 | 成都市科龙化工试剂厂 |
| 7 | 环氧树脂 | 分析纯 | 南通星辰合成材料有限公司 |
| 8 | 邻苯二甲酸二甲酯 | 分析纯 | 成都市科龙化工试剂厂 |
| 9 | 乙二胺 | 分析纯 | 成都市科龙化工试剂厂 |

阳极材料：镁合金、锌合金以及铝合金。

实验介质(腐蚀溶液)：泡沫体系(水：表面活性剂：稳定剂=1000：2：1)+空气。

实验周期：10d。

实验条件：每组挂两片挂片，每次添加配制的泡沫液800mL，阴极与阳极面积比为 60∶1，温度为 90℃，测试直线速度为 0.21m/s，泡沫液体与空气每 24h 交替 1 次。

## 二、牺牲阳极保护法的腐蚀失重实验

**1. 牺牲阳极保护装置的制备**

牺牲阳极的阴极保护法，又称牺牲阳极保护法，是一种防止金属腐蚀的方法。具体方法为：将还原性较强的金属作为保护极，与被保护金属相连构成原电池，还原性较强的金属将作为负极发生氧化反应而消耗，被保护的金属作为正极就可以避免腐蚀。因这种方法牺牲了阳极(原电池的负极)保护了阴极(原电池的正极)，因而叫作牺牲阳极(原电池的负极)保护法。牺牲阳极的阴极保护法如图 6-7 所示。

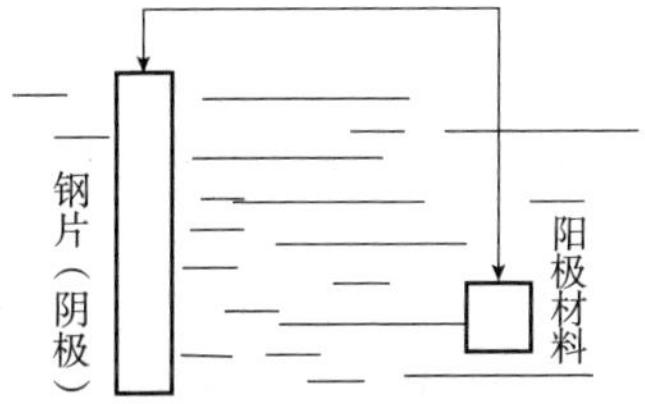


图 6-7　牺牲阳极的阴极保护法示意图

将一根 PVC 管剪成适当长度的若干段，依次使用 180#、320#、600#金相砂纸逐级将剪短后的 PVC 管的前后两端、剪切好的阳极材料打磨平整；准备适当长度的带有绝缘外皮的铜导线若干段，减掉每段金属线前后两端的绝缘外皮，如果外露的铜导线生锈则需要用砂纸打磨光亮；将打磨及清洗好的钢片和阳极材料分别固定在铜线两端。其中阳极材料的固定方法如下：使用电烙铁在阳极材料的表面点上熔化的焊锡丝，迅速将金属导线的一侧插入钢片表面熔化的焊锡丝内 30s 固定即可，使用准备好的固化剂将 PVC 管浇筑密封，并保证阳极材料裸露在 PVC 管外(图 6-8)，静置 7d，所使用的固化剂为环氧树脂体系固化剂，其具体组成为环氧树脂∶邻苯二甲酸二甲酯∶乙二胺=10∶2∶0.8(质量比)。牺牲阳极保护装置如图 6-9 所示。

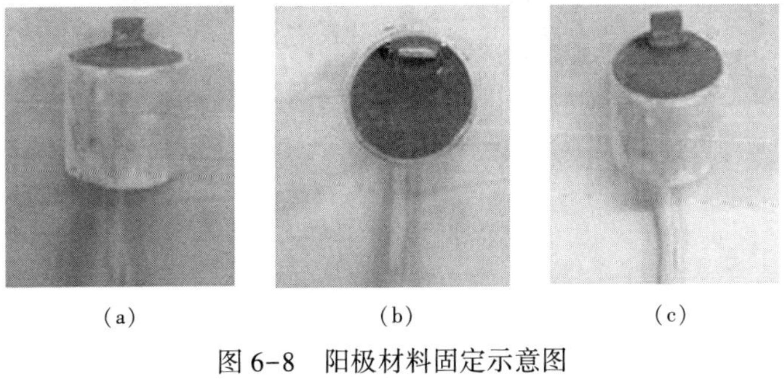

(a)　(b)　(c)

图 6-8　阳极材料固定示意图

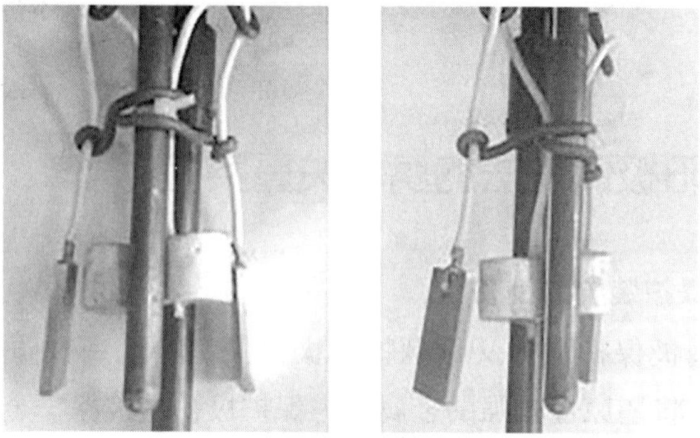

图 6-9　牺牲阳极保护装置

**2. 牺牲阳极保护法室内腐蚀模拟实验**

在动态模拟装置中，每组挂两片挂片，每次添加配制的泡沫液 800mL(回注水：表面活性剂：稳定剂=1000：2：1)，测试时间为 10d，每 24h 交替一次，测试温度为 90℃，测试直线速度为 0.21m/s，测试牺牲阳极的缓蚀率，评价出一种或几种最佳阳极材料，腐蚀后取出的挂片表面形貌如图 6-10 所示。

清洗前：正面(左)、反面(右)　　清洗后：正面(左)、反面(右)

(a)空白实验

清洗前：正面(左)、反面(右)　　清洗后：正面(左)、反面(右)

(b)镁合金

图 6-10　试片在牺牲各种阳极材料保护下腐蚀前后表面形貌

清洗前：正面(左)、反面(右)　　　　清洗后：正面(左)、反面(右)

(c)铝合金

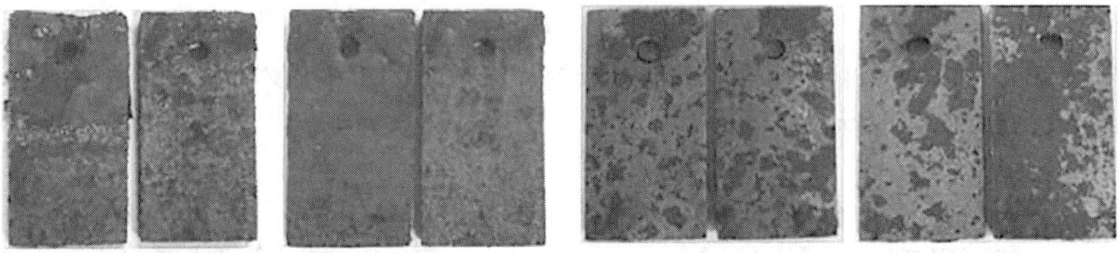

清洗前：正面(左)、反面(右)　　　　清洗后：正面(左)、反面(右)

(d)锌合金

图 6-10　试片在牺牲各种阳极材料保护下腐蚀前后表面形貌(续)

腐蚀后的挂片从反应釜中取出时，记录并观察挂片的表面形态，其表面形成了一层致密的保护层，经过除锈处理后，发现其表面的腐蚀产物为红褐色，其内部产物呈灰黑色，清洗烘干，腐蚀实验数据如表 6-4 所示。

**表 6-4　试片在牺牲各种阳极材料保护下的腐蚀实验数据**

| 时间 | 阳极材料类型 | 试片编号 | 尺寸(长×宽×高)(mm×mm×mm) | $A/cm^2$ | $W_0/g$ | $W/g$ | $V_a/(mm/a)$ | $\overline{V}_a/(mm/a)$ |
|---|---|---|---|---|---|---|---|---|
| 2015. 10. 28～11. 7(11：00) | 空白 | 396# | 30. 12×15. 15×3. 08 | 11. 7737 | 10. 5882 | 9. 2602 | 7. 8525 | 7. 7975 |
| | | 356# | 30. 14×15. 15×3. 08 | 11. 7810 | 10. 5252 | 9. 2150 | 7. 7424 | |
| 2015. 9. 23～10. 3(20：00) | 镁阳极 | 388# | 30. 13×15. 13×3. 09 | 11. 7731 | 10. 7180 | 9. 9993 | 4. 2499 | 4. 1993 |
| | | 328# | 30. 13×15. 13×3. 09 | 11. 7731 | 10. 6198 | 9. 9182 | 4. 1488 | |
| 2015. 9. 23～10. 3(20：00) | 铝阳极 | 344# | 30. 12×15. 14×3. 09 | 11. 7761 | 10. 6352 | 10. 1765 | 2. 7117 | 2. 7374 |
| | | 343# | 30. 12×15. 15×3. 08 | 11. 7737 | 10. 6683 | 10. 201 | 2. 7631 | |
| 2015. 10. 20～10. 30(11：00) | 锌阳极 | 415# | 29. 60×15. 15×3. 00 | 11. 5125 | 10. 0024 | 9. 7476 | 1. 5408 | 1. 5651 |
| | | 450# | 29. 59×15. 14×3. 00 | 11. 5024 | 9. 8827 | 9. 6201 | 1. 5894 | |

结果表明，镁合金、铝合金、锌合金做阳极材料时，阴极挂片的平均腐蚀速率分别为 4. 1993mm/a、2. 7374mm/a、1. 5651mm/a，空白实验的腐蚀速率为

7.7975mm/a，远大于有阳极材料牺牲时的腐蚀速率。从三种阳极材料对比实验中，可见锌合金阳极对挂片的保护作用明显比前两种合金强。所以，用牺牲阳极法保护阴极套管钢是很有必要的，且锌阳极效果较好。

另外，从图6-10阳极材料腐蚀后的宏观形貌来看，镁阳极和铝阳极基本看不到剩下的阳极残渣状，只能看见环氧树脂固化体上的凹槽状，阳极材料几乎全部被消耗了，但锌阳极还留有少许覆着在表面上，也说明了阳极的损耗速度中锌合金最缓慢，在工程上可大大节约成本。

经过实验对比，发现锌阳极对挂片的保护作用较镁阳极和铝阳极要好，且锌阳极自身消耗比镁和铝较慢，结合阳极的适用环境和工程成本的考虑，选用牺牲锌阳极来保护阴极套管较好。

# 第四节　降低注入空气中氧含量控制腐蚀

空气泡沫驱造成油井管的腐蚀，其主要原因是空气中的氧在湿润条件下造成氧腐蚀，因此，控制注入空气中的氧含量就可以有效地控制空气泡沫驱造成的腐蚀。

## 一、氧气浓度的测定

腐蚀实验前，先在干燥的高压反应釜里充入一定压力的氧气，后充入氮气（氮气压力大，后充入）至12MPa稳定，关闭所有阀门，待搅拌30min后，用如图6-11所示的球胆收集，最后用7-2GC9790Ⅱ气相色谱仪准确测定氧浓度，可得色谱图及氧浓度分析结果。实验中设置5%以下4个氧浓度梯度及一个氮气空白实验。

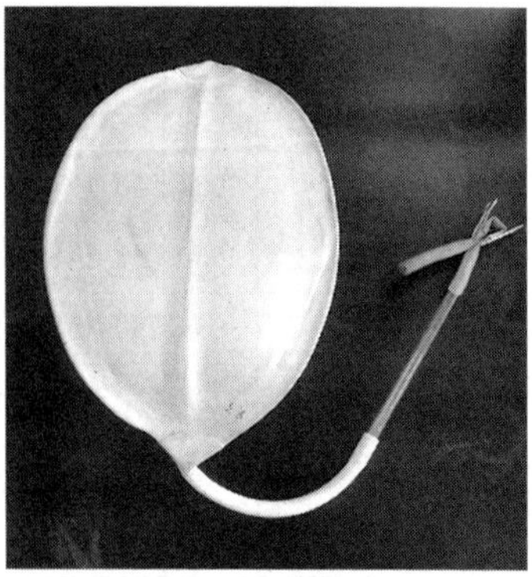

图6-11　收集混合气的球胆

对比之前的实验，回注水泡沫液与空气交替频率为4次时，进行注入空气的氧浓度测试。注入空气时测定的氧浓度色谱图如图6-12所示。

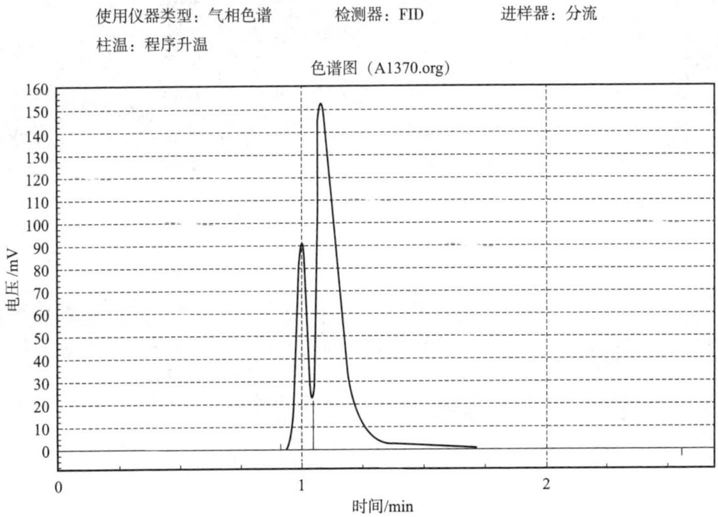


图 6-12　注入空气时的氧浓度色谱图

注入空气时测定的氧浓度分析结果如表 6-5 所示。

**表 6-5　注入空气时的氧浓度分析结果**

| 峰号 | 峰名 | 保留时间 | 峰高 | 峰面积 | 含量 |
|---|---|---|---|---|---|
| 1 | $O_2$ | 1.007 | 90319.094 | 285041.500 | 21.4715 |
| 2 | $N_2$ | 1.090 | 151324.453 | 983416.875 | 78.5285 |
| 合计 | | | 241643.547 | 1268458.375 | 100.000 |

在氮气空白实验中，不充入氧，只充入 12MPa 的氮气，考察不充入氧条件下的腐蚀情况。

## 二、空气氧含量(<5%)腐蚀模拟实验

空气泡沫腐蚀实验过程：量取 800mL 事先配好的回注水泡沫液，倒入反应釜内，挂入挂片，盖上釜盖。模拟现场注入工艺技术，转速设置为 500r/min，交替频率为 4 次。缓慢地注入一定比例的氮气—氧气混合气体，保证氧浓度梯度在 5%以下，待总压力达到 12MPa 后，关闭所有阀门。最后，待温度、压力及转速达到设定值后，记录实验开始时间。待达到实验周期，泄压后打开反应釜，取出挂片，观察、记录表面腐蚀状态及腐蚀产物黏附情况后，立即用清水冲洗掉实验介质，并用滤纸擦干，最后再根据标准进行挂片清洗并称重。

试片腐蚀后的形貌如图 6-13 所示。

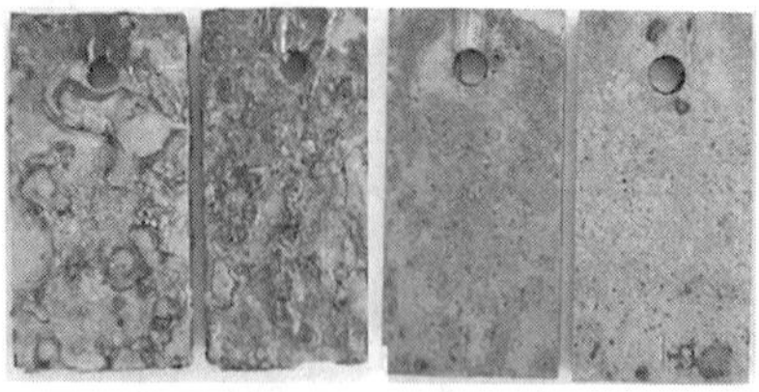
清洗前　清洗后

(a)4%氧浓度

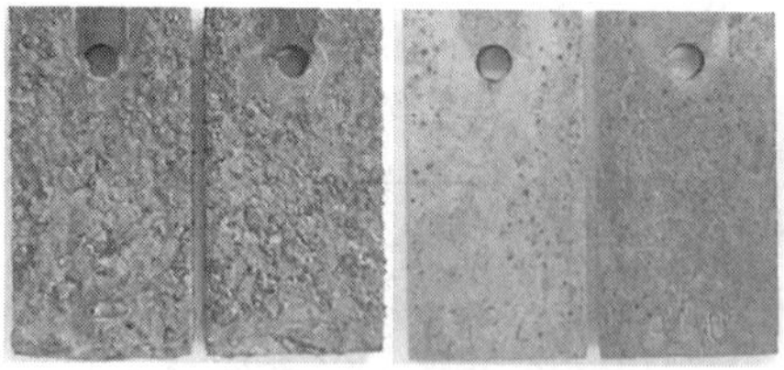
清洗前　清洗后

(b)3%氧浓度

清洗前　清洗后

(c)2%氧浓度

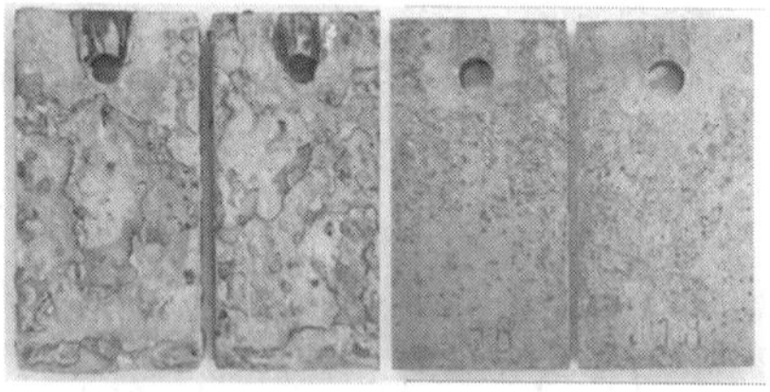
清洗前　清洗后

(d)1%氧浓度

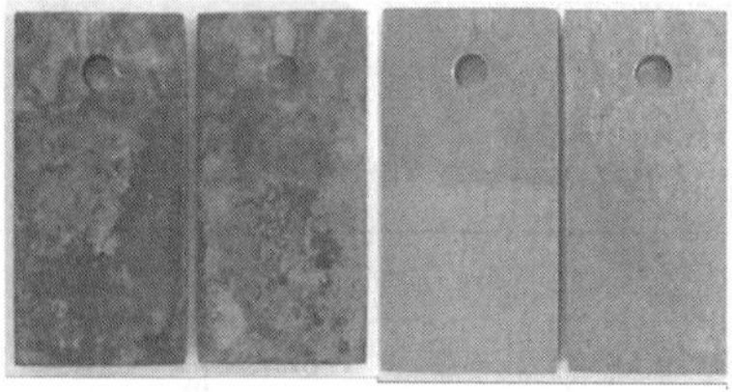
清洗前　清洗后

(e)氮气空白

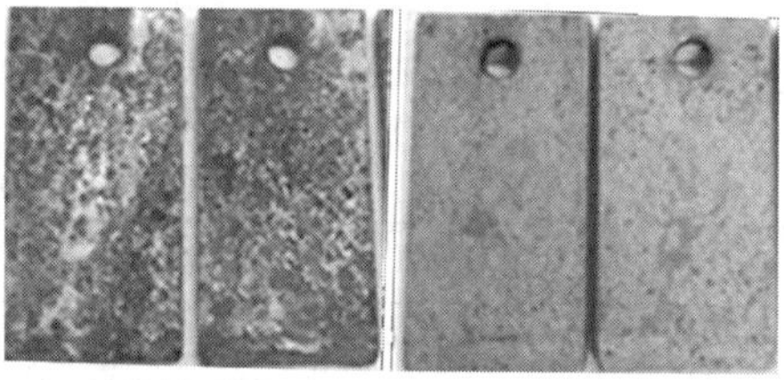
清洗前　清洗后

(f)注入空气时

图 6-13　试片在不同氧浓度下的腐蚀后形貌

结果表明：腐蚀后的试片上面有大量红褐色锈，随氧浓度梯度下降，腐蚀产物膜变疏松、变薄。观察清洗之后的试片发现，试片表面存在不同程度的均匀腐蚀和点腐蚀，相比注入空气时腐蚀后的形貌，均匀腐蚀程度有所降低。而腐蚀后的水样呈现些许混浊，且有一些红色沉淀，随注入氧浓度增加，水体颜色呈现些许不同，且有加深变浓的趋势。腐蚀前后水体表观如图 6-14 所示，腐蚀实验数据如表 6-6 所示。

(a)腐蚀前　(b)注入空气　(c)氮气空白　(d)1%氧浓度　(e)2%氧浓度　(f)3%氧浓度　(g)4%氧浓度

图 6-14　试片在不同氧浓度下腐蚀前后水体表观图

**表 6-6　试片在不同氧浓度下的腐蚀实验数据**

| 时间 | 氧浓度 | 试片编号 | 尺寸(长×宽×高)(mm×mm×mm) | $A/cm^2$ | $W_0/g$ | $W/g$ | $V_a/(mm/a)$ | $\overline{V}_a/(mm/a)$ |
|---|---|---|---|---|---|---|---|---|
| 2016. 6. 29~7. 6(22：00) | 4% | 416# | 29. 56×15. 16×2. 98 | 11. 4866 | 9. 9531 | 9. 8078 | 0. 8806 | 0. 9051 |
| | | 417# | 29. 58×15. 16×2. 99 | 11. 5028 | 9. 9465 | 9. 7929 | 0. 9296 | |
| 2016. 7. 7~7. 14(11：00) | 3% | 440# | 29. 60×15. 11×2. 96 | 11. 4507 | 9. 9243 | 9. 7899 | 0. 8171 | 0. 8367 |
| | | 432# | 29. 56×15. 15×2. 99 | 11. 4630 | 10. 1106 | 9. 9696 | 0. 8563 | |
| 2016. 6. 29~7. 6(22：00) | 2% | 401# | 29. 56×15. 15×2. 97 | 11. 4712 | 9. 9023 | 9. 7812 | 0. 7349 | 0. 7447 |
| | | 443# | 29. 57×15. 17×2. 98 | 11. 4967 | 9. 9899 | 9. 8653 | 0. 7545 | |
| 2016. 7. 7~7. 14(11：00) | 1% | 418# | 29. 56×15. 14×3. 00 | 11. 4915 | 9. 9512 | 9. 8770 | 0. 4495 | 0. 4428 |
| | | 456# | 29. 59×15. 16×3. 01 | 11. 5243 | 10. 0348 | 9. 9626 | 0. 4362 | |
| 2016. 7. 14~7. 21(12：30) | 氮气空白 | 007# | 30. 14×15. 05×3. 06 | 11. 6965 | 10. 4179 | 10. 3802 | 0. 2244 | 0. 2241 |
| | | 018# | 30. 06×15. 06×3. 05 | 11. 6651 | 10. 3668 | 10. 3293 | 0. 2238 | |
| 2015. 5. 25~6. 1(23：30) | 注空气 | 33# | 29. 85×15. 02×2. 96 | 11. 4819 | 10. 0146 | 9. 823 | 1. 1617 | 1. 2237 |
| | | 26# | 29. 63×15. 03×2. 93 | 11. 3825 | 9. 8829 | 9. 6762 | 1. 2642 | |
| | | 14# | 29. 84×15. 03×2. 94 | 11. 4669 | 9. 9655 | 9. 7604 | 1. 2452 | |

由表 6-6 中的实验数据可知，在相同的注入周期内，随注入空气中氧浓度的降低，腐蚀速率有明显减小趋势。当氧的浓度由 21. 47%降低到 4%时，腐蚀速率从 1. 2237mm/a 降到 0. 9051mm/a，腐蚀速率降低了约 26%；当继续降低氧浓度至 1%时，腐蚀速率控制到 0. 4428mm/a，降低了约 64%。所以，在空气/泡沫交替驱中，降低注入空气中氧的浓度，对减小腐蚀有明显作用。对比氮气空白实验，腐蚀速率降低到 0. 2241mm/a，这是因为实验中几乎没引入氧因素，但由于湿润泡沫液存在，泡沫液中的化学添加剂对试片产生一定腐蚀不可避免。可见引起腐蚀的主要原因是空气与泡沫液的频繁交替导致的湿润环境和氧气共存。

总之，降低注入空气中氧浓度有助于减小管道的腐蚀。当然，现场中控制氧浓度至1%不太可能，可控制在5%左右，结合牺牲阳极的阴极保护法，在常用的阳极材料中选用锌阳极缓蚀效果较好，可加入缓蚀剂综合防腐措施。由于在空气泡沫驱过程中，氧浓度对腐蚀贡献较大，在保证采收率的情况下不妨试试氮气泡沫驱，其气源广，成本低。

# 第五节　对策措施

根据现场调研和实验结果，结合空气泡沫驱腐蚀产物分析结果，腐蚀产物主要成分为 $CaCO_3$、$Fe_2O_3$、FeS。其中 $CaCO_3$ 主要是腐蚀介质结垢产物，是由于甘谷驿油田回注水中含有大量的 $Ca^{2+}$、$HCO_3^-$ 等成垢离子，一旦环境条件发生改变，就可能形成 $CaCO_3$ 垢。$Fe_2O_3$ 是钢管被氧腐蚀之后的产物。FeS 是腐蚀和硫酸盐还原菌的繁殖，前者产生 $Fe^{2+}$，后者产生 $S^{2-}$。

1) 氧腐蚀控制对策

针对空气泡沫驱存在较为严重的氧腐蚀，引起腐蚀的主要原因是空气与泡沫液的频繁交替导致的湿润环境和氧气共存。

采取的对策措施是降低注入空气中的氧含量，前面的实验结果表明，在相同的注入周期内，随注入空气中氧浓度的降低，腐蚀速率有明显减小趋势。当氧浓度由 21.47%降低到 4%时，腐蚀速率可降低 26%左右；当继续降低氧浓度至 1%，腐蚀速率可降低 64%。

所以，在空气/泡沫交替驱中，降低注入空气中氧的浓度，对减小腐蚀有明显作用。采用脱氧设备，要将氧含量降低到 1%难度比较大，因此，可将注入空气中的氧含量降低到 4%左右，以达到大幅度降低空气泡沫驱的腐蚀速率。

2) 细菌腐蚀控制措施

现场调研和实验结果表明，腐蚀产物中含有一定量的 FeS。FeS 是腐蚀和硫酸盐还原菌繁殖后共同产生，前者产生 $Fe^{2+}$，后者产生 $S^{2-}$。

采取的控制措施是添加杀菌剂。现场所使用的杀菌剂按其功能和组成一般分为两大类，即氧化型杀菌剂和非氧化型杀菌剂。实验中对几种杀菌剂进行动态失重腐蚀评价，筛选出癸甲溴胺的缓蚀效果最佳，因此，添加癸甲溴胺作为杀菌剂降低空气泡沫驱的腐蚀。

3) 添加缓蚀剂控制措施

缓蚀剂对于控制管路腐蚀具有使用方便、操作简单等优点。影响缓蚀剂缓蚀性能的因素很多，外部条件和缓蚀剂结构等都会对缓蚀剂的缓蚀性能造成很大影响，而处于复杂环境下的金属设施，因腐蚀介质和环境不同，腐蚀将会有很大的差别，因此，应针对不同的条件选用不同类型的缓蚀剂。

前面实验中对几种市售以及现场正在使用的缓蚀剂进行动态失重腐蚀评

价，加入各种缓蚀剂后，腐蚀速率均有所下降，而9#缓蚀剂缓蚀效果最好，因此，建议选用9#缓蚀剂。

4）牺牲阳极的阴极保护对策措施

牺牲阳极的阴极保护法，又称牺牲阳极保护法，是一种防止金属腐蚀的方法。具体方法为：将还原性较强的金属作为保护极，与被保护金属相连构成原电池，还原性较强的金属将作为负极发生氧化反应而消耗，被保护的金属作为正极就可以避免腐蚀。

工程上常见的牺牲阳极材料有镁和镁合金、锌和锌合金、铝合金三大类。从三种阳极材料对比实验中，可见锌合金阳极对挂片的保护作用明显比另两种合金强。所以，用牺牲阳极法保护阴极套管钢是很有必要的，且锌阳极效果较好。

总之，对比几种腐蚀对策控制措施的效果和现场可操作性，建议首先选择氧控制措施，将注入空气中的氧含量降低到5%以下，或者直接采用注入氮气代替空气进行氮气泡沫交替驱。其次，可采用牺牲阳极进行腐蚀控制。最后，再结合杀菌剂、缓蚀剂等药剂等综合措施进行腐蚀控制。

# 第七章 结 论

通过大量的分析实验以及室内腐蚀模拟实验，研究了甘谷驿采油现场采出水、回注水以及地表水的水质，油田现场腐蚀产物，分别使用地表水和回注水配制泡沫液，注入空气压力、温度、湿度、流速以及空气/泡沫交替频率对钢片腐蚀速率的影响。最后，分别研究了添加缓蚀剂、杀菌剂以及牺牲阳极保护法对空气泡沫驱注入系统的腐蚀防护，总结后得到以下结论。

(1)油田现场的采出水、回注水以及地表水中均含有一定量的 $Cl^-$、$Ca^{2+}$、$Mg^{2+}$、$Na^+$、$K^+$、$SO_4^{2-}$、$HCO_3^-$等离子，另外，水样中还含有一定量的腐生菌(TGB)、硫酸盐还原菌(SRB)以及铁细菌(IB)。采出水和回注水中 $Cl^-$、$Ca^{2+}$、$Mg^{2+}$、$Na^+$、$K^+$以及矿化度均较地表水中含量高得多，而地表水中 $SO_4^{2-}$、$HCO_3^-$含量较采出水和回注水中高。回注水中 $Mg^{2+}$、$Na^+$、$K^+$、SRB、IB 以及 $HCO_3^-$含量均较采出水有所降低，其 pH 值呈中性；而采出水呈弱酸性，其 $Ca^{2+}$、$HCO_3^-$、矿化度以及 TGB 含量均很高，$Mg^{2+}$和 $SO_4^{2-}$的含量较低。因此，初步断定溶液中结 $CaCO_3$垢的可能性很大，而结其他垢的可能性较小。

(2)油田现场阀门处、流量计处、管道处以及配水间单井出水阀门内壁处腐蚀产物颜色、表面形貌各不相同，产物中元素主要有 O、Fe、C、Ca、S 以及 Mg，结合 XRD 分析结果，表明现场腐蚀产物主要成分有 $CaCO_3$、FeO(OH)、$Fe_2O_3$、FeS、$SiO_2$等，但其含量却各不相同。$CaCO_3$主要可能是腐蚀介质结垢的产物，大量的 $Ca^{2+}$、$HCO_3^-$存在会产生结垢物。$CaCO_3$、$SiO_2$有可能是地层砂的主要成分。$Al_2O_3$是地层砂土的主要成分，可能是管线内砂粒等杂质的残留物。$Fe_2O_3$可能是地层砂土的成分，更可能是钢管被氧腐蚀之后的产物。腐蚀产物中多以羟基氧化铁[FeO(OH)]的结构存在，FeO(OH)主要是在有氧或其他氧化剂存在的环境中产生的，可以推断此腐蚀主要发生了吸氧腐蚀。产物中没有 $Fe_3O_4$，说明腐蚀是在高含氧环境中发生的。FeS 是腐蚀和硫酸盐还原菌繁殖后共同产生，前者产生 $Fe^{2+}$，后者产生 $S^{2-}$。

(3)分别使用地表水、回注水配制泡沫液，模拟现场工况，评价空气泡沫驱对注入系统的腐蚀状况。结果表明，钢片腐蚀速率随注入空气压力、湿度、温度、流速以及空气/泡沫交替频率的增大而增大，而回注水的腐蚀程度较地表水大，这是因为回注水的矿化度、细菌含量等较地表水大得多。各因素对腐蚀速率影响程度不同，地表水配制的泡沫液排列如下：注入流速>空气/泡沫交替频率>空气湿度>注入温度>注入压力；回注水配制的泡沫液排列如下：注入温度>注入流速>空气/泡沫交替频率>注入压力>空气湿度。由此看来，注入流速以及空气/泡沫交替频率对钢片腐蚀程度影响较大。

(4)地表水和回注水配制的泡沫液模拟的腐蚀产物表面有较大差异，地表水的腐蚀产物表面均匀，且疏松易脱落，回注水的腐蚀产物呈层状分布，较为致密。腐蚀产物中主要元素为 O、Fe、C、Ca、S 以及 Mg。地表水的腐蚀产物主要成分为 FeO(OH)、$Fe_2O_3$，回注水的腐蚀产物主要成分为 $CaCO_3$、$Fe_2O_3$、FeS、$MgFe_2O_4$。腐蚀结果与现场所取得腐蚀产物分析结果大致相符。地表水的矿化度较低，则其腐蚀产物以铁的氧化物为主，而回注水的矿化度较高，其腐蚀产物除 Fe 的不同价态的氧化物以外，还存在 Ca、Mg 等与 Fe 相结合的产物，只是室内腐蚀模拟实验的腐蚀产物种类较现场的单一，这主要是因为现场操作较室内模拟更多变、更复杂。

(5)实验用起泡剂有四种，分别为 1#表面活性剂、始创 A 起泡剂、始创 B 起泡剂以及始创 C 起泡剂(抗高温)，腐蚀实验结果表明：1#表面活性剂的腐蚀速率是起泡剂 A 的 8.4 倍，更是起泡剂 C 的 28 倍之多，说明现场所使用的起泡剂本身的腐蚀性较为严重。

(6)通过对现场阻垢剂、ZK682、YC607 以及 9#缓蚀剂进行评选，缓蚀效果较好的是 YC607 和 9#(2)，两种缓蚀剂在交替过程中的水体颜色比其他要浅一些，且水体中固体杂质较其他少一些。癸甲溴胺比现场用杀菌剂缓蚀效果好，加入杀菌剂后的腐蚀试片较未加杀菌剂的试片腐蚀较轻，而腐蚀后的水样呈现些许混浊。牺牲阳极实验结果表明，锌阳极较铝阳极、镁阳极缓蚀效果好。

(7)注入流体分别与地层水进行了配伍，回注水与地层水在混配比例为 5：5 时配伍性较差。四种泡沫液，当混配比 7：3，温度为 30℃时，泡沫液 1#与地层水配伍性相对较好，泡沫液 c 次之，而泡沫液 a 和泡沫液 b 与地层水配伍性较差。

(8)甘谷驿油田长 6 储层碎屑岩成分复杂，储层岩性主要为灰色、灰白色细粒、中—细粒长石砂岩；其中石英为 17.5%～23%，平均为 19.1%；长石为 51%～60%，平均为 56.9%。长 6 储层孔隙度平均为 8.29%，渗透率平均为 $0.89\times10^{-3}\mu m^2$，为特低渗透储层。该区长 6 储层岩石孔隙类型以粒间孔、长石溶孔和浊沸石溶孔、岩屑溶孔等为主。

(9)储层岩石黏土含量为 2.89%～3.58%，主要为绿泥石、伊利石和伊/蒙间层。储层具有弱速敏、弱水敏、弱盐敏、中等偏强—强酸敏、弱碱敏。

# 参考文献


[1]张新春，张建成，杨兴利．甘谷驿采油厂水质稳定技术研究[J]．广州化工，2011，39(1)：123-125.

[2]周兰芳，傅绍斌，游革新．油田污水的水质改性技术研究[J]．水处理技术．1999，25(3)：83-186.

[3]钱杰，付国民，刘云焕．甘谷驿油田长6油层裂缝特征及对注水开发的影响[J]．地球科学与环境学报．2005，27(4)：49-52.

[4]胡文庭，师亚栋，李关．甘谷驿油田注入水结垢情况分析及解决办法[J]．天然气与石油．2011，29(3)：62-82.

[5]周丹．甘谷驿油田空气泡沫驱油适应性研究[D]．西安：西北大学，2011.

[6]杜庆军．泡沫驱渗流特征的实验和模拟研究[D]．北京：中国石油大学，2008.

[7]王庆．空气泡沫驱油机理及影响因素研究[D]．北京：中国石油大学，2007.

[8]李婵．甘谷驿油田唐80井区空气泡沫驱可行性研究[D]．西安：西安石油大学，2013.

[9]梁晓锋，曾科．测定腐蚀速率新方法在油田中的应用研究[J]．沿海企业与科技，2007，12(2)：82-84.

[10]曲虎，刘静，马梓涵．油田污水腐蚀影响因素研究[J]．应用化工，2011，40(6)：1062-1065.

[11]林伟民，任韶然，刘媛．油田污水回注管道腐蚀速率灰色理论预测[J]．油气储运，2009，28(06)：48-51.

[12]冯晗．耐油起泡剂筛选及驱油性能评价[D]．大庆：东北石油大学，2012.

[13]黄建平，卢毅屏，赵刚．浮选起泡剂及其研究新进展[J]．金属矿山，2012，47(12)：66-74.

[14]余海棠，郭学辉．一种起泡剂的研制及其性能研究[J]．钻采工艺，2007，30(1)：108-110.

[15]F. 麦罗，李长根，雨田．浮选起泡剂的基本性质及其对浮选的影响[J]．国外金属矿选矿，2007，45(4)：31-35.

[16]赖崇伟．新型抗油、抗盐起泡剂体系的研究[D]．成都：四川大学，2007.

[17]王秀玲，唐蕊．植物源杀菌剂研究进展[J]．湖北农业科学，2005，50(2)：108-111.

[18]祁之秋，王建新，陈长军．现代杀菌剂抗性研究进展[J]．农药，2006，45(10)：

655-659.
[19]宋绍富，张铜祥，王玉罡．油田杀菌工艺及杀菌剂研究进展[J]．石油化工应用，2012，31(3)：1-5.
[20]杨鹏辉，张宇翔，李霆．油田注水杀菌剂研究进展[J]．山东化工，2015，44(3)：52-54.
[21]任承飚，冯斌，周卫华．接地网的腐蚀与牺牲阳极保护法[J]．湖南电力，2003，23(5)：38-39.
[22]张文毓．牺牲阳极材料研究与应用[J]．云南冶金，2008，37(6)：45-47.
[23]朱式玉．金属防腐蚀的实验——牺牲阳极的阴极保护法[J]．教学仪器与实验，1986，2(1)：1-4.
[24]李海涛，李洪建，赵敏．砂岩储层配伍性注水水质方案研究[J]．西南石油学院学报，1997，19(3)：45-52.
[25]王骏骐，史长平，史付平．注入水配伍性静态试验评价方法研究——以中原油田文三污水处理站处理水配伍性评价为例[J]．石油天然气学报，2010，32(4)：135-139.
[26]雷志伟．油田修井废水回注地层水质配伍性评价[D]．西安：西安建筑科技大学，2013.
[27]王瑞华，王瑞杰，张丽，等．清污混注水体配伍性与系统腐蚀防护技术研究[J]．油气田地面工程，2005，24(10)：5-6.
[28]赵国仙，严密林，路民旭．油田 $CO_2$ 腐蚀环境中的选材评价[J]．腐蚀科学与防护技术，2000，12(4)：240-242.
[29]张学元，邸超，雷良才．二氧化碳腐蚀与控制[M]．北京：化学工业出版社，2000.
[30]彭建雄，刘烈炜，胡倩．碳钢在 $H_2S-CO_2$ 体系中的腐蚀规律研究[J]．腐蚀与防护，2000，21(2)：60-62.
[31]姚晓，冯玉军．国内外气田开发中管内 $CO_2$ 腐蚀研究进展[J]．油气储运，1996，15(2)：97-99.
[32]Ma H Y，Cheng X L，Li G Q，et al. The influence of hydrogen sulfide on corrosion of iron under different conditions[J]. Corrosion Science，2002，42(8)：1669-1674.
[33]何晓英，李容，廖钫．N80 油管钢在含 $H_2S$ 酸性溶液中的腐蚀行为[J]．腐蚀科学与防护技术，2001，13(4)：239-241.
[34]O I Radkevych，V I Pokhmurs kyi. Influence of hydrogen sulfide on serviceability of materials of gas field equipment[J]. Materials Science，2001，37(2)：319-332.
[35]上海交通大学《金属断口分析》编写组．金属断口分析[M]．北京：国防工业出版社，1979.
[36]吴荫顺．腐蚀试验方法与腐蚀检测技术[M]．北京：化学工业出版社，1996.
[37]慕庆勇，杜毅．钻井液处理剂缓蚀性的评价及聚合物泥浆的缓蚀保护[C]．第八届全国缓蚀剂学术会议论文集，1993.

[38]郑家燊．缓蚀剂的研究现状及应用[J]．腐蚀与防护，1997，18(1)：1-5.

[39]刘永辉，张佩芬．金属腐蚀学原理[M]．北京：航空工业出版社，1993，71-86.

[40]黄永昌．金属腐蚀与防护原理[M]．上海：上海交通大学出版社，1989，136-147.

[41]任呈强．N80油管钢在含 $CO_2/H_2S$ 高温高压两相介质中的电化学行为及缓蚀机理研究[D]．西安：西北工业大学，2003.

[42]万里平，孟英峰．气体钻井腐蚀冲蚀规律与失效案例分析[M]．北京：石油工业出版社，2014.

[43]K. Masamura，S Hashizume，J Sakai. Polarization Behavior of High-Alloy OCTG in $CO_2$ Environment as Affected by Chlorides and Sulfides[J]．Corrosion，1987(6)：59-68.

[44]G Fierro，G M Ingo，Fi Mancla. XPS - Investigation on the Corrosion Behavior of 13Cr Martensitic Stainless Steel in $CO_2$-$H_2S$-Cl- Environment[J]．Corrosion，1989(10)：14-21.

[45]Guo X P，Tomoe Y. Electrochemical behavior of carbon steel in dioxide saturated d iglycolamine solutions[J]．Corrosion，1998，54(11)：931-939.

[46]Dougherty J A. The effect of flow on corrosion inhibitor performance[C]．Hausler G H and Goddard H P. In Advances in $CO_2$ corrosion，Houston TX：NACE，1995.

[47]Brown B，Nesic S. $H_2S/CO_2$ corrosion under scale forming condi-tions. Corrosion/2005[C]．TX：NACE，2005. Paper No. 05625.

[48]Lee K J，Nesic S. EIS investigation of $CO_2/H_2S$ corrosion. Corrosion/2004 [C]．TX：NACE，2004. Paper No. 04728.

[49]何德江．大庆油田徐深一井油管腐蚀原因分析与控制[J]．石油化工腐蚀与防护，2004，21(4)：63-64.

[50]张益，张宁生，吴金桥．华池油田结垢预测及软件开发[J]．特种油气藏，2004，11(6)：100-102.

[51]刘文臣，王立志，陈雷．张天渠油田油井结垢机理及防垢方案[J]．断块油气田，2005，12(4)：80-82.

[52]朱义吾，赵作滋，巨全义．油田开发中的结垢机理及其防治技术[M]．西安：陕西科学技术出版社，1995.

[53]尹先清，伍家忠，王正良．油田注入水碳酸钙垢结垢机理分析与结垢预测[J]．石油勘探与开发，2002，29(3)：85-87.